中等职业学校特色教材

临沂适种果树栽培技术新编

主编　张西臣

山东科学技术出版社

本书编写人员

主　　编　张西臣

参编人员　胡尊政　王夫彬　邵泽信　胡尊松
靖玉军　刘　辛

前言

FOREWORD

培养有文化、懂技术、会经营的新型农民，是服务“三农”，发展现代农业，推进社会主义新农村建设，构建社会主义和谐社会的必然要求。

《临沂适种果树栽培技术新编》是临沭县职业中等专业学校林果专业教师根据多年来服务“三农”送教下乡的需求，结合临沂地区果树栽培实际，应广大果农学员的要求编写的一本经济果树栽培管理读物。本书的编写立足农民朋友的需要，本着“解决实际问题，语言通俗易懂，技术便于掌握”的原则，介绍了临沂地区广泛栽植的部分果树树种的栽培技术，非常便于农民朋友学习和掌握，是送教和技术推广的首选特色教材。

本书由张西臣主编，胡尊政、王夫彬、邵泽信、胡尊松、靖玉军、刘辛等参编，共编录了七个树种。其中，第一章“板栗丰产栽培技术”由张西臣编写，第二章“核桃高产栽培技术”由王夫彬编写，第三章“枣树栽培技术”由邵泽信编写，第四章“杏的栽培技术”由胡尊松编写，第五章“葡萄栽培技术”由靖玉军编写，第六章“草莓栽培技术”由刘辛编写，第七章“蓝莓栽培技术”由胡尊政编写；全书的通稿由张西臣、胡尊政完成。在教材编写过程中，市、县职业教育研究室领导和许多兄弟学校教师、林业部门技术人员给予大力支持和帮助，并提出了许多宝贵的建议，在此表示衷心的感谢！由于时间仓促和编者的水平有限，本教材难免会有不妥之处，希望广大读者给予批评指正。

编　者

2013 年 6 月

目 录

CONTENTS

第一章

板栗丰产栽培技术

板栗（图 1-1）是经济价值很高的干果树种，栗果营养丰富，淀粉含量 55.6%～71.5%，蛋白质含量 5.5%～11.6%，脂肪含量 2.3%～7.5%，并含有较多的胡萝卜素、抗坏血酸、维生素、天然活性酶以及钙、磷、钾、铁等矿物质等。栗子不但味美好吃，而且还有益气活血、驱寒止泻、健脾补肾等功效。中国板栗品质优良，涩皮易剥除，被誉为“东方珍珠”，不仅是内销的高档果品，而且也是出口创汇较高的产品。

图 1-1　板栗树

板栗的木材坚硬、致密、耐湿抗腐，可用于造船和架桥，也是制作地板、枕木、家具的优质材料。枝叶、树皮、总苞含鞣酸较多，可提取工业原料。

板栗生长快，管理容易，适应性强，抗旱抗涝，耐瘠薄，能在荒山、河滩大量发展，而且丰产、稳产，寿命长，一年栽树，百年受益。它不仅是优良的果树，也是绿化荒山、沙滩的造林树种。

临沂市板栗资源丰富，具有悠久的栽植历史。近年来，随着农村经济的发展和人民生活水平的提高，特别是退耕还林等重大林业项目的实施，板栗生产取得了快速发展，已经成为临沂地区山岭和河滩地带群众发展经济的重要项目。

一、主要栽培品种

我国板栗分布范围很广，品种达300多个。下面介绍适宜临沂地区栽培的几个主要品种。

1. 华丰

树冠较开张，呈圆头形。总苞椭圆形，重40克左右，平均每蓬含坚果2.8个，平均单粒重8克左右，出实率58%。坚果大小整齐、美观，果肉细糯香甜，适于炒食，耐贮藏。9月中旬成熟。

2. 华光

树冠呈圆头形。总苞椭圆形，重43克左右，平均每蓬含坚果近3个，平均单粒重8.2克，出实率55%。坚果大小整齐、光亮，果肉细糯香甜，适于炒食，耐贮藏。9月中旬成熟。幼树生长旺盛，大量结果后生长势缓和，结果枝粗壮，雌花形成容易，结果早，丰产、稳产。

3. 红栗1号

树冠呈圆头形，枝条红褐色，嫩梢紫红色。总苞红褐色，椭圆形，单苞平均重56克，每苞平均含坚果2.8个，单粒重约9.4克，出实率50%。坚果大小整齐、饱满、光亮，果肉黄色，质地细糯香甜，耐贮藏。9月中下旬左右成熟。树体健壮，雌花形成容易，早果丰产。

4. 红光栗

成龄树树势中等，树冠紧凑，呈圆头形至扁圆形，生长较直立，叶下垂，叶背毛绒厚。幼树始果期晚，嫁接后3～4年开始结果，连续结果能力强。总苞椭圆形，针刺较稀，粗而硬，平均每个总苞含坚果2.8个，坚果扁圆形，平均单果重9.5克，出实率45%。坚果中大，整齐美观，果皮红褐色，油亮，故称红光栗。果肉质地糯性，细腻香甜，适于炒食。果实成熟期为9月下旬至10月上旬，耐贮藏。

5. 石丰

树姿较开张，呈圆形，结果母枝长而粗壮。总苞扁椭圆形，平均重53克，单粒重9.2克，出实率56%。坚果红褐色，整齐美观，果肉细糯香甜，较耐贮藏，9月下旬成熟。树势稳定，冠内结果能力强。树体较矮小，适宜密植，早果丰产性好。抗逆性强，适应范围广。

6. 燕奎

树势强健，树体高大，树姿开张呈开心形。平均每苞含坚果近3个，空苞率低，出实率41.3%。坚果近圆形，平均重8.6克，整齐均匀，棕褐色，具光泽，质地细糯，味香甜。高产，稳产，抗干旱，耐瘠薄。为优质中熟品种。

7. 燕山魁栗

树冠呈半圆头形，树姿自然开张。总苞椭圆形，刺束较密，斜生。平均每苞内含坚果2.8粒，粒均重9.8克，出实率40%。坚果椭圆形，棕褐色，具光泽，大小整齐一致，果肉质细糯，适于炒食，品质佳。适应性强，丰产、稳产。

8. 郯城3号

树冠圆头形，生长直立，枝条粗壮。总苞椭圆形，单苞重70克左右，平均每苞含坚果2.9个。9月下旬成熟，为早实丰产、品质优良的炒食栗新品种。

二、板栗对环境条件的要求

栗树属于深根性树种，对土壤要求不严，无论肥沃或瘠薄的土壤均能生长，但以土壤深厚、排水良好、地下水位不高的沙土、沙壤土或砾质土为最适宜；板栗喜微酸性土壤，酸碱度（pH）最好在5.0～6.0，石灰质土壤不适于栗树生长。板栗适应于酸性土壤的原因，主要是其能满足板栗树对锰和钙的需求，尤其是锰元素，当pH值高时锰呈不可溶状态，不能被根系所吸收利用。

板栗为喜光性较强的树种，生长期间，尤其在开花时期，要求光照充足，空气干爽，适宜坡地栽植。

年降雨量在500～2 000毫米的地方都可栽种板栗，但以500～1 000毫米的地方最适合。不同物候期对水分的要求和反应不同，特别是秋季板栗灌浆期，如水分充足，有利于坚果的充实生长和产量的提高。

板栗对温度的适应性强，适于在年均气温10～25℃的地方生长。生长期（4～10月）要求日均气温为10～20℃。开花期适温为17～25℃，低于15℃或高于25℃均将影响授粉受精和坐果。8～9月间果实增大期，20℃以上的平均气温可促使坚果生长。

三、板栗的生长与结果特点

1. 根系

板栗为深根性树种，根系发达，板栗根系的水平分布比较广，一般为冠径的2.5倍，通常分布在80厘米的土层中，以20～60厘米中为最多。

板栗根系的再生能力很差，1厘米粗的根，截断后很长时间不发新根。在管理上一般不要损伤1厘米以上的粗根。

根系开始活动的时间一般比地上部早7~8天，活动结束的时间比地上部晚30多天。

2. 芽

为了便于生产上辨别，通常把板栗的芽分为花芽、叶芽和隐芽。板栗是当年生枝结果，故花芽都是混合芽，即一般生产上所说的大芽，着有雌花的混合芽即雌性混合芽；只着雄花的混合芽，即雄性混合芽，雌花芽居于尾枝顶端（2~5个芽）。花芽以下为叶芽，下部不萌动的芽为隐芽。

3. 枝

成年板栗树的新梢一般在一年内有一次生长，顶端形成花芽后不再萌发。幼树和旺树的新梢一般一年有二次生长，甚至形成二次开花。临沂地区一般在4月中旬气温达15℃左右时，芽开始萌动吐绿，枝条形成层细胞活动，表现为枝条变绿，木质部与韧皮部容易剥离。4月下旬芽很快萌发生长和展叶。5月上中旬是新梢生长的高峰期，这一时期的生长量占总生长量的80%以上，以后逐渐缓慢，6月中旬前后生长停滞，加粗生长继续进行，9月份形成层细胞停止活动。

板栗的枝条可分为结果母枝、结果枝、雄花枝、发育枝和徒长枝。

（1）结果母枝：着生完全混合花芽的一年生枝叫结果母枝。结果母枝顶端2~3个芽或更多的芽为混合芽，第二年萌发形成结果枝，下边的芽抽生雄花枝和发育枝。按生长情况结果母枝又分以下几种类型：①强结果母枝（又叫棒槌码）。枝条生长粗壮，长度在10厘米以上，横径5毫米以上，一般着生3~5个完全混合花芽，多者可达7~8个，结果后还能继续抽生"尾枝"，连续结果。②弱结果母枝（又叫香头码）。枝条生长细弱，长度不足10厘米，横径5毫米以下，一般着生1~2个完全混合花芽，结果少，果个儿也比较小，"尾枝"短，一般不能连续结果。③更新结果母枝（又叫替码）。枝条生长比较粗壮，长度6~10厘米，粗度也近似强结果母枝，但无"尾枝"，顶部无大芽，下年能从枝条基部的侧芽抽生出结果母枝。

（2）结果枝：结果母枝萌发后，抽生的具有雌雄花序的新梢叫结果枝。从结果枝的基部2~4节起至8~9节止着生雄花序，雄花序脱落后形成盲节。在结果枝上部1~4节的雄花序基部着生苞状的雌花序，结果后节上留有果柄而无芽。强壮的结果枝结果后，在结果部位以上能抽生一段枝条，称为"尾枝"。"尾枝"上各节都有芽，其上部还能形成完全混合芽，继续结果。

（3）雄花枝：由不完全混合芽萌发后，抽生仅着生雄花序的新梢，叫雄花枝；多着生于结果母枝的中下部。

（4）发育枝：芽萌发后只能抽生长叶的一年生枝，无花序不结果。发育枝由叶芽或隐芽萌发形成，是扩大树冠和抽生结果母枝的基础。

（5）徒长枝：徒长枝是由休眠芽萌发形成的直立营养枝；一般生长旺盛，节间比较长，枝条不充实。

幼旺树上的徒长枝容易扰乱树形，在整形修剪时应及时疏除。主枝基部的徒长枝生长势强，与主枝争夺养分，修剪时要严加控制。主枝或侧枝中上部的徒长枝一般长势比较缓和，节间也比较短，枝条比较充实，可以培养成结果枝组。

4. 叶

板栗的叶为单叶，叶色深浅影响板栗的营养状况。

5. 花

板栗是雌雄异花植物，异花授粉。雄花序和雌花序的比约为 12 ∶ 1。雄花数量过多，会消耗大量营养。雌花着生在结果枝前端的雄花序基部，一般着生 1 ~ 3 个雌花簇。

四、育苗

1. 苗圃地的选择和整理

苗圃地应选择地势平坦、土壤肥沃、土层深厚、排水良好的沙质壤土，以微酸性土壤为好，pH 值 7.0 以下。

苗圃地的整理，冬前深翻土壤，以利于土壤风化、消除杂草和虫卵等。第二年春季播种前施农家肥 1 500 ~ 2 500 千克 / 亩，并配以碳酸氢铵 50 千克、磷肥 100 千克作底肥，用犁深翻一次，使肥料与土壤混合均匀。

2. 种子的选择与贮藏

要选择生长强健、无病虫害的中年栗树采种，种子要充分成熟。临沂地区群众多采用野生板栗做种，可降低成本，砧木的抗逆性更强。

采收的种子要及时贮藏，以沙藏为好，其具体方法见本章“采收与贮藏”部分。

3. 播种的时期及方法

播种的时期分为春播和秋播，临沂地区多采用早春播种。

播种的方法采用横行条播。在经过耕翻平整的圃地上，做成宽 1.0 ~ 1.5 米的畦，畦长视圃地大小而定。按 25～30 厘米的行距开沟，然后按 10～15 厘米的株距，将种子横放沟内，覆土 4～5 厘米厚，稍加镇压，使种子与土壤密接，以利出苗。

一般情况下，播种后 3～4 周，苗子就可出齐，当年苗木生长高度可达 40 厘米以上。

4. 苗圃的管理

（1）防治鼠害及地下害虫：板栗播种后，常遭受田鼠及地下害虫的危害，应采取措施进行防治。

（2）中耕除草：在幼苗出土后立即进行一次。在以后生长季节内进行 2～3 次。

（3）施肥和灌水：6 月上旬和 8 月上旬进行 2 次追肥，以腐熟的人粪尿为主，先稀后浓，并适量施入速效氮肥。生长停止前（9～10 月）以磷钾肥为主，有利于幼苗越冬。

干旱季节要及时灌水。

五、苗木嫁接

1. 嫁接的时期

春季是板栗嫁接的主要时期。自栗树离皮至发芽后 1 个月的时间内，栗树嫁接都能成活，其中以发芽前 10 天至发芽后 5 天的时间内，嫁接成活率最高。

夏季皮芽接在 6～8 月进行。嫁接时应选择晴天，雨天及风沙天均不适宜嫁接。

2. 嫁接的方法

嫁接的主要方法有插皮接、切接、双舌接、夏季嵌芽接等。

（1）插皮接：适于春季树液流动时进行，嫁接时，要求砧木已经离皮。具体操作步骤如下（图 1-2）：

①剪削接穗。在接穗上部留 2～3 个饱满芽，下端削一个马耳形大削面，长 3～5 厘米，入刀部位稍陡峭，深达髓部，再平直向前斜削下去。削去的

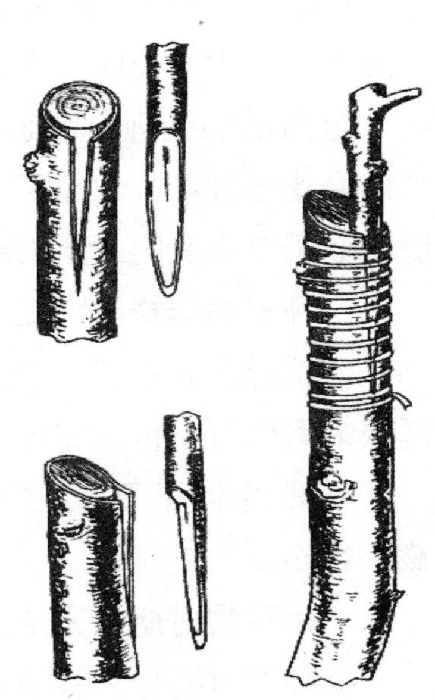

图 1-2　插皮接

部分，视接穗粗细而定，细接穗削去一半左右，粗接穗削去一多半。最后在马耳形切面的背面前端 0.5 厘米处稍削一刀，再于马耳形背面两侧各轻削一刀，深达韧皮部。

②剪切砧木。在嫁接处将砧木剪断或锯断，随后削平断面；选树皮光滑的地方，由上向下直划一刀，深达木质部，顺刀口用刀尖向左右挑开皮层。

③插接穗与绑缚。砧木开口后，把接穗迅速插入切口，使削面在砧木的韧皮部和木质部之间。插接穗时，马耳形的斜面向内紧贴，要轻轻地插入，使接穗削面和砧木密接为止；同时，不能把削面全部插进去，要有 0.3 厘米的“留白”，为愈合组织的生长留下一定位置，如未“留白”，接合部位就容易长出一个大疙瘩。接穗插好后，用塑料条扎紧绑好即可。

（2）切接：此法适宜小砧嫁接，砧木干径以 1 厘米左右为好。具体操作步骤如下（图 1–3）：

①剪切砧木。在距地面 3 ~ 5 厘米处将砧木剪断，用切接刀在光滑的一侧，自外向内削成一个短斜面，并削平剪口处，然后在短斜面上向下直接削一刀，长约 3 厘米，深度以稍带木质部为好。

②剪削接穗。接穗剪成长约 6 厘米，并带有 2 个以上饱满的芽（也可用 1 个芽，为单芽切接）。在接穗下部芽的背面 1 厘米处斜削一刀，削掉 1/3 的木质部，斜面长 3 厘米左右，再在斜面的背面尖端削个小削面，稍削去一些木质部，小削面长 0.8 ~ 1 厘米。

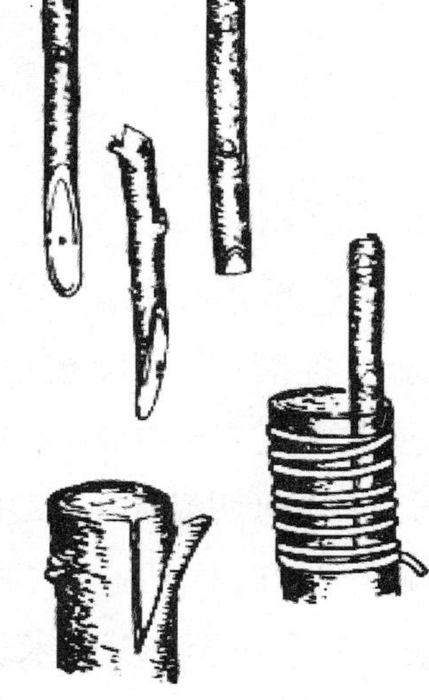

图 1–3　切接

③插接穗与绑缚。把接穗插入砧木切口，使两者形成层相靠（至少一侧形成层密接），用塑料条扎紧，同时包裹切口。

（3）双舌接：最适于砧穗粗度相差不多的情况下采用。其速度快，且接口结合牢固，伤口愈合快，成活率高，是当前生产上利用较多的一种嫁接方法。具体操作步骤如下（图 1–4）：

①剪切砧木。将砧木剪断，选择光滑面，削成 3.5 ~ 4 厘米的马耳形削面，并在其削面上端 1/3 长度处向下斜削一长约 2 厘米的切口，形如舌状。

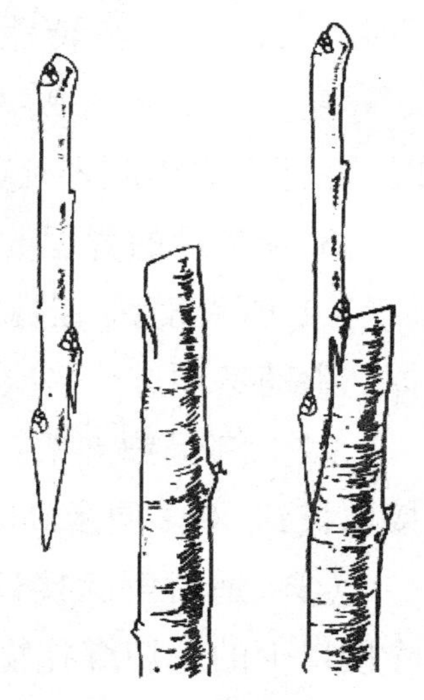

图 1–4　双舌接

②剪削接穗。接穗的切削与砧木相同。

③插接穗与绑缚。将接穗削面的舌片与砧木削面上的切口对准，交叉插入，至两个削面重合，两个舌片彼此夹紧。砧穗粗度不等时，使一侧形成层对齐，用塑料薄膜将接口绑紧扎严。

（4）夏季大方块皮芽接：该方法具有方法简单，易于操作，成活率高，嫁接时间长（6～8月）等优点。具体操作步骤如下（图1-5）：

图1-5　方块皮芽接

①剪削接穗。在当年萌发的嫩枝上，在饱满芽上方0.5厘米及芽下方2.5厘米处各横切一刀，在芽的左右各竖切一刀，拿住芽横向稍用力，取下一个长2.5厘米、宽0.6～0.8厘米的长方形芽片。

②剪切砧木。在离地面10～20厘米左右的地方，选择皮厚、光滑、纹理顺的地方，横切一刀，用右手拇指及食指指甲在刀口下，掐住与芽皮同样宽度的皮，向下拉至2.5厘米长，用刀切去1/2。

③贴芽片与绑缚。将芽皮贴于砧木皮切口，上面及左右形成层密接对齐，下面将砧木切口皮覆盖在芽皮下端上面。用塑料薄膜条包扎接口，将芽微露。

在接口上面留2～3轮叶，其上的砧木剪掉；当嫁接芽萌发至10厘米左右时，在芽上方1厘米处剪掉砧木。

3. 嫁接后的管理

（1）除萌芽：在嫁接后10多天，砧木接口下部即开始萌芽，要及时将其除掉。除萌芽须进行多次，直到嫁接新梢正常生长。

（2）绑保护支架：为了防止风折，用1米长的粗棍，下部固定在砧木上，在接穗长到30多厘米高时，把新梢绑在棍上即可。

（3）适时解除接口上的绑扎物：已当嫁接部位已经愈合牢固，要及时地解除接口上的一切绑扎物。如果解除过晚，可造成嫁接部位的缢伤；解除过早，接口愈合不牢，容易造成嫁接树新枝死亡。

（4）适时摘心：为了促进嫁接树多分枝，早成形和保持树冠矮小、紧凑多结果，当新梢30厘米左右时摘心；嫁接当年可摘心2～3次。

六、建园栽植

在板栗园的营建中，可直接栽植嫁接苗建园，也可先栽植实生苗，成活1～2年后再进行嫁接，具体可根据条件而定。

1. 园地的选择

应选择土壤肥沃、土层深厚、排水良好、地下水位不高的沙壤土、沙土或砾质土，土壤应为pH7.0以下的酸性土壤，石灰质碱性土壤不适宜板栗生长。在山岭地建栗园，应选择坡度较缓的阳坡。

2. 整地

整地是改良栗园土壤的重要措施。平地和缓坡地宜采用全面整地，深度不要小于30厘米；山岭地应根据情况做成水平梯地或进行鱼鳞整地。

3. 良种壮苗的选择

良种是丰产稳产的基础。选择优良的品种，要耐贮藏、病虫害少、抗逆性强。

栽植选择2～3年生的壮苗，要求：苗高不低于60厘米，直径不小于0.6厘米，根系发达完整，生长健壮，无病虫害，无损伤。

4. 合理密植

一般平地每亩可栽30～40株，山地栗园每亩可栽40～60株，株行距以3米×4米、4米×4米、3米×5米为宜。如果采取早期丰产密植与后期疏间相结合，栽植密度还可再大些。

5. 栽植要求

（1）起苗：起苗时，应注意尽可能少损伤侧根和须根，已经损伤的应剪平伤口。如果挖出的栗苗不能马上栽植或需远距离运输时，应进行根部保湿处理，然后再假植或包装运输。

（2）挖大穴：栽植穴的深度和宽度一般不得少于1米，特别是土壤瘠薄的山岭地栗园，定植穴还应更大一些。

（3）施足底肥：由于栗树建园大多在土壤瘠薄、肥力较差的山岭坡地或河滩地，所以，一定要在栽植穴内施入基肥。每穴可施有机肥料20～30千克，将肥料和穴内土壤混合均匀。

（4）适时栽植：板栗栽植在秋季落叶到春季萌发前均可进行。根据临沂市气候特点，一般以11月上旬至12月上旬或早春萌芽前栽植为好。

（5）精心栽植：树要栽端正，土要踏实，根要舒展。栽植的深度，保持原来的入土深度即可。栽好后，踏实树干基部周围的覆土并及时浇足水，待无积水后进行覆土，有条件的可在地面覆盖1平方米的塑料薄膜，以保持水分和提高地温，确保栽植成活率。

6. 配置授粉树

板栗是雌雄同株而异花异熟，必须注意授粉树的配置。在建园时，可选用2种以上优良品种混合栽植，以便互相授粉，提高结果率。一般主栽品种4～6行，配置1行授粉树。

七、栗园管理

1. 土壤管理

板栗为深根性果树，对土壤进行深耕改土，有利于根系生长，可使树体生长健壮，结果良好。建立在山区、丘陵、河滩等比较瘠薄土壤上的栗园，要在冬季休眠期或是雨季农闲时进行改土。

（1）深翻扩穴：深翻扩穴，有利于促进根系扩展。深翻以秋季（果实采收后）为宜，此时正值发根高峰，断根后伤口愈合快，发根多。

扩穴的基本方法是：在树冠周围挖宽30～50厘米、深80～100厘米的带状沟（大穴），用有机质肥料（每株农家肥20～50千克）或落叶、绿肥等有机物40～100千克，并配合施入适量速效肥料，过磷酸钙0.5千克左右，与表层熟土混合埋入穴内。

（2）栗农间作：实行栗农间作，可提高土地利用率，促进板栗增产，增加经济效益。间作时间，宜在板栗幼龄期（定植后到树冠交接），可间种农作物或药材，通过耕作，起到抚育的作用。一般应以豆科作物为主，也可套种药材等矮秆作物。距离栗树主干1～2米范围内不宜间作作物，以免耕作时损伤栗树侧根。

（3）松土除草：也叫“清耕”。通过树下松土除草，可将杂草覆盖在树下，充作肥料。松土除草除用镐、镢浅刨外，还应及时用锄耪，做到树下土松草净。成龄树实行全园松土除草，幼树栗园即在树干周围1～2米范围内进行。每年生长季中全园中耕3～4次，清除杂草和疏松表层土壤。

（4）栗园生草：栗园生草适用于土壤、水分条件良好情况下的栗园。生草具有覆盖地面、防止雨水冲刷和风蚀的作用，枝叶遗留田间，可增加土壤有机质，达到提高地力等效果。栗园生草以选择草木樨、沙打旺、紫花苜蓿、小冠花等豆料绿肥作物为宜，这些作物的根瘤菌能固定土壤中的氮。当绿肥作物营养体显著增大后开始刈割，根据草种和生长速度，全年割 4～6 次，留茬 8～10 厘米高，割下的草用于栗园覆盖或树盘内压绿肥。注意土层较浅、土壤管理较差、肥水施用量较少的栗园，不宜采用生草法。

2. 合理施肥

板栗对肥料的要求，一般来说比其他果树要低，但它在生长过程中，也需要不断地补充养分。试验表明，板栗施肥后可增产 1 倍以上乃至数倍。因此，为提高板栗产量，要合理施肥。

（1）基肥：以土杂肥为主，配合施入适量氮、磷、锌、硼肥。一般在 9～10 月板栗采收后进行，施用量可根据栗树树体大小、产量以及土壤肥力等情况而定。施肥的方法有放射状沟施、环状沟施、条状沟施和全面撒施等。

①放射状沟施。即在树冠边缘下开 4～6 条放射状浅沟，沟长 60 厘米左右（视树冠大小而定），宽、深各 30～40 厘米，在沟内施肥后覆土封沟。逐年轮换开沟位置。

②环状沟施。在树冠外围下挖半月形沟 2～4 条，沟长 60 厘米左右（视树冠大小而定），宽、深各 30～40 厘米，将肥料撒在沟中，覆土封沟。

③条状沟施。在树冠外围的相对两方挖条形沟，沟长 60 厘米左右（视树冠大小而定），宽、深各 30～40 厘米，施入肥料。第二年条状沟的位置轮换到另外相对一侧。

④全面撒施。结合中耕，进行全园撒施。中耕将肥料翻埋。

（2）追肥：追肥以速效氮肥为主，配合磷、钾肥为好。

第一次：花期追肥。在开花前，3～4 月间施用。一般每株可施尿素、碳酸氢铵 0.5～1.0 千克（可视树大小），或人粪尿 40～80 千克。花期可配合喷施 0.1%～0.2% 的硼砂，以提高坐果率。

第二次：果实迅速膨大前，7 月下旬至 8 月间，果实体积和重量开始迅速增长，这时每株施速效性的氮肥尿素、碳酸氢铵 0.5～1.0 千克，或有机肥 40～80 千克，以及过磷酸钙 1.5～2.5 千克、钾素化肥 0.5～1.0 千克。

（3）根外追肥：根外追肥可作为土壤施肥的一种辅助措施。优点是简单易行，用肥量少，见效快，利用率高。它不受树体营养再分配的影响，在肥水条件差的山区栗园或弱树上，效果更显著。

根外追肥的时期及浓度：花期和花后期，喷施提高坐果率，尿素为0.3%～0.5%，过磷酸钙为2%，磷酸二氢钾为600～800倍液，硼砂为0.1%，硫酸亚铁为0.5%，硫酸锌为5%（喷干枝）。果实膨大期，喷布0.2%磷酸二氢钾，可促进果实生长。根据试验，在板栗花期喷施400倍硼砂溶液3次，每隔5～7天一次，空苞率将大大降低，出籽率和单粒重都有明显增加。一般根外追肥结合喷药同时进行，可节省劳力。

根外追肥要选择在湿润无风的天气进行。一天内，以早晨露水未干或傍晚时进行较好。

3. 合理灌水和排水

（1）合理灌水：栗树虽然比较耐旱，但在板栗发芽前、新梢加速生长、果实迅速彭大期需水量多而重要，是确保产量和品质的关键，如遇干旱，一定要及时灌水。春季早春萌芽和开花前遇干旱灌水，可以促进雌花的形成，有利枝条的生长，对提高当年产量有良好的作用。深秋施基肥时也要灌一次水。

灌水方法有沟灌、喷灌、漫灌、滴灌等。各地要努力创造条件解决水源问题，做到科学用水，提高果园经济效益。

（2）排水：在雨季，注意排水，特别是平原地土壤深厚的栗园，雨水多的季节，要清理排水沟，及时排出积水。

八、整形修剪

1. 板栗整形修剪的作用

整形修剪的目的是控制骨干枝的分布，培养通风透光良好、有利于连年丰产的树形；并且通过修剪，调节树体养分的分配，使树冠内外枝条分布均匀，促进内膛结果，提高产量；可早成形、早结果，早期丰产。整形修剪是板栗栽培管理中一项重要的技术措施。

2. 修剪的时期

板栗的修剪主要在冬季进行，一般在落叶至发芽前都可修剪。幼树的整形除冬季修剪外，还须进行夏季修剪，以促进新梢的分枝，提早成形，这在栗园管理中尤为重要。

3. 幼树整形修剪

根据栗树丰产树形的标准，目前栗树的树形主要有疏层形、自然开心形。

（1）自然开心形：自然开心形（图 1–6）多适用于山地栗园和矮冠密植园，没有中心主干，一般 3～4 个主枝。

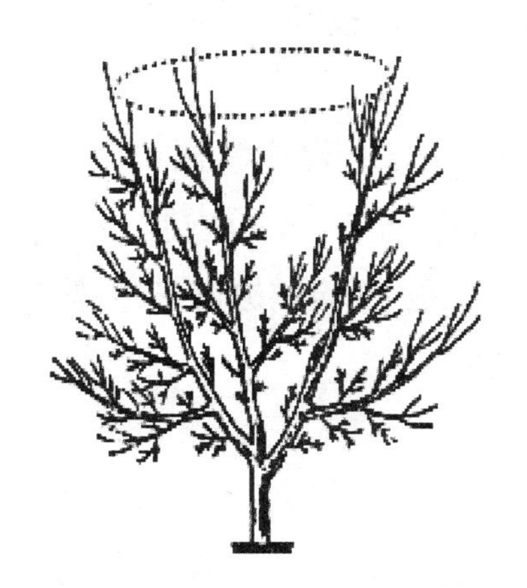

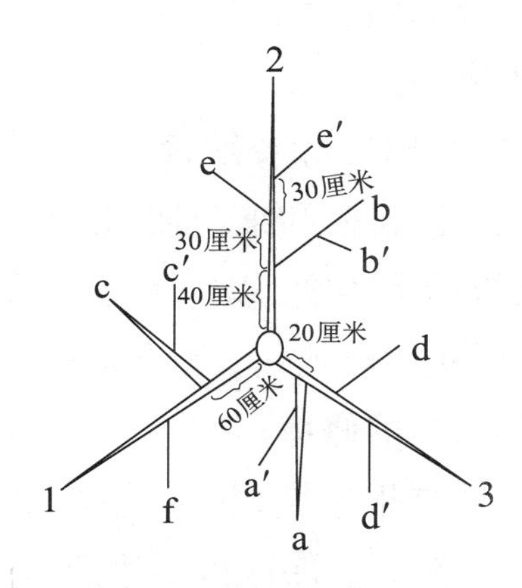

图 1–6　板栗树的自然开心形及其骨干枝配置模式

1、2、3 为主枝；a、b、c、d、e、f 为侧枝，a′、b′、c′、d′、e′ 为副侧枝或结果枝组

定干：山区栗园树高 30～50 厘米，平原栗园树高 50～80 厘米。在规定高度选饱满芽处剪除。

摘心留枝：定干发芽后，选留三个角度分布均匀的旺芽，顶芽和其余的抹去；当新梢生长到 30 厘米左右时进行摘心，以促进当年抽生二次枝。二次枝生长到 25 厘米时再行摘心；一般当年摘心、留枝 2～3 次，再结合冬季修剪，树形就可基本形成，第二年就有部分栗树开始结果。

该树形优点是通风透光良好，骨架牢固，适于密植，主枝角较小，衰老较慢。适于生长势强、主枝不开张的品种。缺点是幼树修剪较重，进入结果期较晚，主枝直立，侧枝培养较难。

（2）主干疏层形：主干疏层形（图 1–7）适用于平原或土质肥沃的栗园以及零星栽植的板栗树。这种树形有明显的中心干，全树共有主枝 7 个。第一层 3 个主枝，上下错开，各枝的平面夹角为 120°，垂直角 60°～70°，层内距 30～40 厘米；第二层 2 个主枝，着生部位与第一层主枝相互交错，距离 80 厘米左右，层内距 40 厘米左右；第三、四层分别一个主枝。每个主枝上着生侧枝 3～4 个，整冠高 4～5 米为宜。

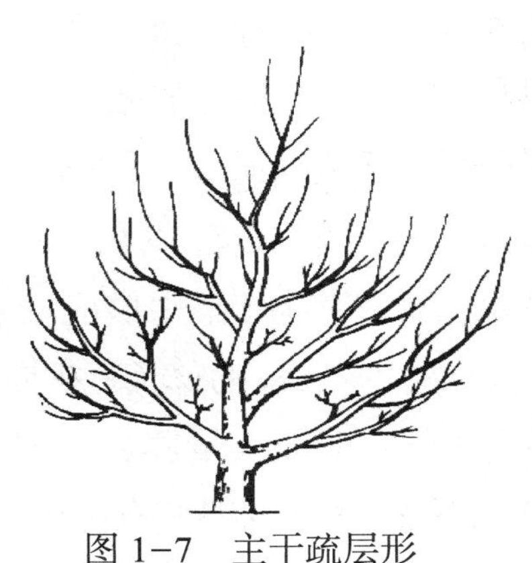

图 1–7　主干疏层形

整形方法与自然开心形相同。

4. 初结果树的修剪

板栗自开始结果到大量结果，其树体营养生长较旺，树冠逐年显著扩大，结果数量逐年增多。

这一时期修剪，除要继续培养多级骨干枝外，还要注意保留辅养枝，疏去无用的密挤枝、徒长枝和细弱枝，使各类枝条分布均匀，树冠内膛要适当多留结果枝，并要保持稀密适度，以加大结果面积。用去强留弱的办法来调整各级骨干枝的生长，以保持树势均衡，培养成丰满的树冠。

5. 盛果期树的修剪

板栗进入结果盛期，树冠仍在继续扩大，结果部位不断外移，容易出现生长与结果之间的矛盾。保证板栗达到高产稳产优质，是这一时期修剪的主要任务。

此时修剪以保果增产、延长盛果期为主，对树冠内外密生的细弱枝、干枯枝、重叠枝、下垂枝、病虫枝要从基部剪除，以改善通风和光照条件，促生健壮的结果母枝和发育枝。对内膛抽生的健壮枝条应适当保留，以利内膛结果。对过密大枝，要逐年疏剪，剪时伤口削平，以促进良好愈合。在修剪上应经常注意培养良好的枝组，用好辅养枝和徒长枝，及时处理背后枝与下垂枝。

对弱树、弱枝，宜多疏少留，并短截部分营养枝、结果母枝，回缩多年生弱枝，使树体养分相对集中供应留用的枝梢，促进萌发强壮的营养枝发育形成良好的结果母枝，适量结果，达到由弱转强的目的。

对旺树、强枝，要多留少疏，宜疏剪过强枝，保留中庸枝，使养分分散，树势缓和，由强转壮，形成较多的结果母枝。对板栗枝条的修剪要求如下：

（1）结果母枝的修剪：树冠外围生长健壮的一年生枝，大多能成为优良的结果母枝，应尽量保留。强壮的结果母枝顶部 4～6 个饱满芽都能抽生较好的结果枝，但为缓和树冠扩展，减少养分消耗，宜适量轻剪。若一基枝上着生多个结果母枝，可适当疏去较弱枝，并选强壮枝重短截，使其基部萌发强壮新梢，留待作次年的结果母枝，以利于克服大小年结果现象。结果母枝附近的细弱枝也应及早疏除，使养分集中供应结果母枝。

（2）结果枝的修剪：新抽发的结果枝及时摘心，能提高当年产量。板栗的雄花众多，消耗大量养分。因此，结果枝中下部的雄花序应及早除去，仅留混合花序下 2～3 条雄花序供授粉，这样可增加总苞数。结果后的结果枝，部分尾枝因营养不足、芽瘦小，不能形成混合花芽，宜适当疏除，或短截促其基部萌发健壮枝梢，成为良好的结果母枝。

（3）营养枝的修剪：除过密或过于纤弱的营养枝要疏除外，对一般营养枝可任其自然生长，或基部留 2～3 个芽重短截，促发壮枝成为结果母枝。也可以于夏季新梢长 30 厘米时摘心，促发二次梢。对徒长枝，一般应疏除，也可用于树冠补空缺和老树更新。

（4）对枝组的培养：枝组也称侧枝群，经多年结果后，有的已衰弱，结果能力差，应回缩修剪。可选择枝组基部营养枝着生处，把其前端剪截去，促使营养枝萌发新枝，或枝组基部留 3～5 厘米缩剪，促使基部及分叉处的隐芽萌发枝条，形成新的结果枝组。枝组过密时应去弱留强，以利于通风透光。

（5）骨干枝的回缩更新：若骨干枝的枝头只能抽生细弱新梢，就表明其已衰老，应及时更新。可先在骨干枝下部培养更新枝，待更新枝生长良好并开始结果时，再回缩骨干枝，但要注意在更新枝前方留 4～5 厘米短桩起保护作用。

6. 衰老期树的修剪

板栗树在长势衰退时，要重剪更新，以恢复树势，延长结果年限。着重对多年生枝进行回缩修剪，在回缩处选留一个辅养枝，促进伤口愈合和隐芽萌发，使其成为强壮新枝，复壮树势。

对过于衰弱的老树，可逐年对多年生骨干枝进行更新，利用隐芽萌发强壮的徒长枝，按照整形的方法，做好留枝、摘心工作，一般第二年就可形成新的树冠，开始结果。

修剪的同时，要与施肥、浇水、防治病虫害等管理结合起来。

九、授粉与疏蓬

1. 人工辅助授粉

板栗是雌雄同株的单性花树种，主要靠风力进行授粉。如果花期气候不良，则严重影响板栗结果。因此，在花期雌花柱头分叉成 30°～45° 角时的一周内进行人工辅助授粉，能明显提高坐果率。可采用喷粉或沙袋撒粉。

2. 疏蓬

疏蓬既可减少空蓬和增加单粒重，又能保证连年稳产。

疏蓬的原则是：壮枝可留蓬 2～3 个，中庸枝上留 1～2 个，弱枝留蓬 1 个或不留。一般当幼蓬至玉米粒大小时进行为宜。

十、病虫害防治

1. 主要病害及其防治技术

（1）栗苗立枯病：

①症状。幼苗出土后，根茎部尚未木质化以前，在根茎地表处出现褐色凹陷长形病斑，病皮呈黑褐色，病部以下根部正常，地上部叶片失水萎蔫，后期枯萎，病株直立。

②适宜环境。病菌主要靠土壤及带菌栗苗传播。苗圃土壤黏重，排水不良，土壤板结，透气不良，施用未腐熟的有机肥，过量施用氮肥。

③防治方法。及时加强松土，增加土壤透气性，不要过量施用氮肥。田内发现初发病苗时，用绿亨一号 3 000 倍液灌根。

（2）板栗炭疽病：

①症状。该病危害栗叶、嫩枝干和栗果，造成栗叶早落，嫩枝干枯死和栗果霉烂。栗叶受害后，叶脉间出现圆形或不规则黄斑，后逐渐变为褐色，后期病斑中央灰白，上生小黑点。枝干受害，病斑椭圆，黑色光滑，失水后下陷溃疡，环绕一周，枝干逐渐枯死。栗蓬受害后，蓬刺基部形成褐色病斑。栗实受害后，多数形成“黑尖”症状，种仁病斑近圆形，黑褐色，后期失水干缩。

②适宜环境。病菌在病落果、病枝干上越冬，第二年春夏借风雨传播。高温高湿环境发生重。日灼、虫害机械损伤有利于病菌侵入。

③防治方法。4 ~ 5 月喷 65% 代森锌 600 倍液、多菌灵 800 倍液，隔 7 天 1 次，连喷 3 次。或在早春发芽前用 4 ~ 5 波美度的石硫合剂喷树枝，抑制菌源产生。

发病季节用多菌灵、退菌特 800 倍液，于 6 月中旬后隔 15 ~ 20 天喷洒 1 次，连喷 3 次。可用果康宝 100 倍液或甲基托布津 600 ~ 800 倍液喷雾防治。

加强管理，增强树势。冬季清除林内枯枝落叶、落果。

2. 主要虫害及防治措施

（1）金龟子：

①危害。5 月中下旬危害板栗嫩芽，该虫还危 害苹果、梨、山楂、樱桃、李、杏的嫩芽和花。特别是危害板栗结果母枝的两个顶芽后，抽生的下部枝条不能形成结果枝。

②生活习性。害虫有趋光趋化性；有假死性，受惊后落地装死，稍停后即振

翅逃跑。

③防治方法。黑光灯诱杀和糖醋液诱杀。摇动树体，害虫假死时杀死。板栗发芽期除虫，用20%甲虫金龟净乳油2 000倍液喷雾。

（2）栗实象鼻虫：

①危害。它是各板栗产区的重要果实害虫。被害果实丧失食用价值或发芽能力，常引起贮藏运输期大量腐烂，损失极大。

②生活习性。此虫一年发生一代，幼虫在土内越冬，次年7月化蛹，8月羽化出土。成虫以嫩枝、幼果的幼嫩组织为补充营养，时间约10天，9月上旬以头管在幼果上刺孔产卵，每果产1～3粒。成虫有假死性、忌强光，交尾、产卵和补充营养等活动多在荫蔽处进行。9月下旬幼虫孵化，危害果实。受害果实表面有黑色小孔，孔外有粪粒；受害严重的，当果实尚未成熟时，即行落果。栗果采收后幼虫继续在果内发育，危害期约1个月。至10～11月间，老熟幼虫咬出果实入土5～15厘米深处做土室越冬。

③防治方法。选育高产优质的抗虫品种，从现有的优良品种中，选择球果针刺密而长的品种（如焦扎）和早熟品种（如处署红），可减轻危害。改善栗园环境条件：清除栗园周围的杂灌、杂草；冬季结合栗园管理，拣拾落果，深翻土壤15厘米，杀死越冬幼虫。捕捉成虫：利用成虫的假死性，于早晨露水未干时，在树下铺设塑料薄膜，撼树捕捉成虫。此法宜在9月中下旬采用。浸水杀灭果实内幼虫：用50℃热水浸栗果45分钟，即能杀死全部幼虫。药剂防治：在成虫出现后，喷40%辛硫磷乳油1 500倍液、90%晶体敌百虫1 000倍液，或抑太保乳油1 000～2 000倍液，隔7天再喷一次效果很好。

（3）栗瘿蜂：

①危害。栗瘿蜂分布很广，栗区普遍发生。专害栗芽，受害之芽春季抽生短枝，在枝上、叶柄、叶脉上均能膨大成虫瘿。成虫羽化后，短枝多半枯死。被害栗树树体衰弱，产量降低。

②生活习性。一年一代，以初龄幼虫在芽内越冬，次年4月随栗芽的生长幼虫迅速成长。被害栗芽受到刺激肥大成虫瘿。一般每个虫瘿内有幼虫3～4只，有的多达10只以上。虫瘿初呈绿色，以后逐渐变成红色至枯褐色。5月下旬至6月上旬，幼虫在瘿内化蛹，6月中下旬为成虫羽化盛期，羽化成虫停留在瘿内10～15天飞出。成虫飞翔力不强，寿命很短，全为雌性，为孤性生殖。单雌平均产卵17粒左右，产于芽内柔软组织上，喜欢在内膛无风郁闭的细弱枝芽

上产卵，很少产在外围旺枝上。8 月孵化，在芽内危害，形成圆形虫室，10 月下旬以后越冬，次年继续危害。

③防治方法。结合修剪，在冬季剪除树冠内的纤弱枝及有虫瘿的枝条，以消灭芽内越冬幼虫，且可改善树体营养条件，提高抗虫能力。虫瘿形成后至成虫羽化前（约在 6 月以前）摘除新虫瘿。药物防治：于 6 月中旬当栗瘿蜂羽化且在虫瘿内停留期间，喷洒 80% 敌敌畏 2 000 倍液、50% 辛硫磷乳剂 1 500 倍液或 25% 灭幼脲 2 000 ~ 3 000 倍液。若栗林郁闲度大时，可在成虫羽化飞出盛期用烟剂熏杀。加强检疫：在引进接穗和苗木时，要加强检疫，禁止从疫区调入接穗或苗木，严防栗瘿蜂的传播蔓延。选育和应用抗虫品种，加强栗园管理，增强树势，提高抗虫能力。生物防治：已知的栗瘿蜂天敌有 7 种，最主要的是寄生蜂。可于 4 月上中旬至 5 月寄生蜂产卵期间，人工摘除树上的虫瘿枝，干燥保存，不使发霉和受热。瘿内的害虫相继死亡，而寄生蜂则仍能存活。至次年春季将枯枝放回栗园中，寄生蜂即可羽化飞出，再行寄生，达到以虫灭虫的效果。

（4）栗红蜘蛛：

①危害。害虫吸食板栗叶片的汁液，致使叶面呈灰白色斑点，严重时全叶枯黄，最后变黄褐色焦枯，早期落叶，树势衰弱，球果早期变黄，坚果干缩，品质降低，产量大减。

②生活习性。一年多发生 4 ~ 6 代，以卵在 1 ~ 4 年生枝背面越冬，尤以一年生枝条芽的周围及枝条粗皮、缝隙、分叉等处为多。4 月底至 5 月中旬孵化，初孵幼虫多群集于新梢基部叶正面危害。经脱皮一次，迅速长大，即转移到较大的叶片正面下陷处，3 ~ 5 头群集危害。从 4 月底到 10 月中旬均有发生，一年中以 5 月中旬至 7 月上旬为严重危害期。高温干旱天气常引起大发生。

③防治方法。在萌动期刮去粗老皮后，全树喷 5 波美度的石硫合剂。

4 月底至 5 月上中旬，在树干离地面 30 厘米处，刮去 12 ~ 20 厘米宽的粗皮，然后即涂 5% 卡死克乳油 40 倍液。也可用 40% 乐果乳油 1 000 倍液，大克螨乳油 1 500 倍液，40% 氧化乐果乳油 1 500 倍液，甲氰菊酯乳油 2 000 倍液，大克螨乳油 1 500 倍液全树喷雾。

生物防治：保护好天敌，如草蛉、七星瓢虫、黑花蝽象、大黑蜘蛛等。

（5）栗毒蛾：①危害。栗农叫栗毛虫。该虫食性较杂，主要危害板栗，繁殖力强，幼虫期长，取食量大，危害严重，如防治不及时，能将全树叶片吃光。

②生活习性。一年一代，以卵块在树皮裂缝、伤口、锯口等处越冬，4 月下

旬或5月上旬，栗树发芽时越冬卵开始孵化，7天达孵化盛期，5月下旬结束。初孵幼虫先在卵块周围群栖2～6天，开始分散危害，4～7天分散结束。幼虫7个龄期，历期40～60天，平均48天。1龄幼虫有向上性，爬上枝梢顶端向下危害，在叶片背面啃食叶肉，被害叶呈网状；2龄以后从叶缘蚕食；3龄后，除危害叶片外，还危害雄花穗，严重时将叶片吃光，仅留下主脉。1～3龄幼虫尚能吐丝下垂，借风力迁移蔓延。6月中旬老熟幼虫开始做茧化蛹，幼虫多迁移到叶片背面吐丝联结相邻叶片，或大枝干裂缝、伤口、锯口等处做网状薄茧化蛹，蛹期11～15天。7月上旬开始羽化成虫，7月中下旬为羽化盛期。羽化后当天夜间交尾，次日开始产卵，1头雌蛾平均产卵580余粒。主要产于大枝干的裂缝、翘皮及伤口等处。

③防治方法。人工捕杀：组织人员挖除卵块，捕捉幼虫、蛹和成虫。药物防治：在幼龄期喷洒25%灭幼脲3号剂、25%苏脲1号1 000～1 500倍液，或青虫菌6号1 000倍液、90%敌百虫晶体1 500倍液，均有明显效果。

（6）桃蛀螟：

①危害。该虫食性较杂，除危害板栗外，还危害桃、李、杏、梨、柿、山楂等果树及向日葵、玉米、高粱等农作物。以幼虫期危害幼果、球苞及成熟果实，引起严重落果。被害栗果空虚，并以虫粪和丝状物互相粘连，丧失食用价值。同时也是贮藏运输期间引起腐烂的重要原因之一。

②生活习性。一年发生2～4代，而且世代重叠。以老熟幼虫在板栗堆放场地、贮藏库、栗树皮、球苞、栗果等处越冬。越冬代于4月下旬至5月上旬羽化，到7月中旬才能羽化完毕。成虫有趋光性。第2代成虫6月下旬羽化；第3、4代成虫8～9月羽化，这时板栗果实近成熟，成虫产卵于壳斗上，幼虫孵化后从壳斗柄部蛀入。此时大部分幼虫蛀食球苞，仅少部分蛀食坚果。堆放期间，由于球苞脱水干裂和温、湿度的增高，促使幼虫转入坚果危害，并很快发育，食量甚大，也是危害板栗的主要时期。

③防治方法。及时脱粒，缩短球果堆积期。当堆积5～9天幼虫尚未蛀入栗实前脱粒，可减轻危害。成虫发生期利用黑光灯诱杀，或性诱剂（性信息素）每亩投放21毫克，使雄性失去交尾能力。40%氧化乐果乳油1 000倍液喷雾。

十一、高接换头

对于老化、低产的板栗园，可通过高接换头，进行品种改良。每棵板栗树可选3~5个位置较好的骨干枝，每一个主枝选留3~4个侧枝于2~3年生部位进行回缩截砧，截砧部位的粗度控制在5厘米以下，采用劈接、切接、插皮接、双舌接等方法。砧桩粗度1厘米左右的，可用双舌接，每砧一个接穗；粗度较粗的，可用插皮接、插皮舌接、切接、劈接等，每砧2~4个接穗；对骨干枝过长的光秃带，可采用腹接法补空。

1. 劈接

劈接法（图1-8）适于砧木较粗或不离皮时。在砧木离地面5~10厘米表皮光滑的部位剪砧，削平剪口，用刀从剪口中心垂直向下劈开，在接穗的下端两侧削成长3.5~5厘米的马耳形削面，插入劈口内，对准形成层，用塑料薄膜包紧接口（蜡封接穗）。此法也可用于中幼砧和大树多头改劣换优。

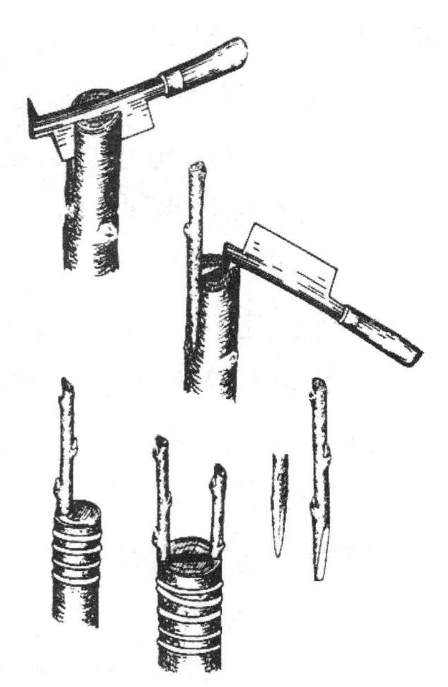
图1-8　劈接

切接、插皮接、双舌接等方法在第五部分已介绍。

2. 嫁接后的管理

嫁接后10余天，砧木即发生萌蘖，要及时除去，以保证根系吸收的营养只供接穗的生长。新梢长到30厘米左右时进行摘心，为避免劈裂，要绑支架，支架长1米左右，把新梢绑在支架上，腹接的可绑在砧木上，以免风吹折断。嫁接后于6月上中旬接口愈合后松绑，冬季搞好修剪。接后1~2年重点采用短截、疏枝、回缩等方法调整各级骨干枝的比例及长势，培养丰产树体结构。3年后采用回缩、疏枝等方法更新衰弱光腿结果枝组，调节生长与结果关系，保持树势健壮。

春季萌芽后常有金龟子、象鼻虫等食叶害虫危害，可喷敌百虫、灭扫利等。接口如有病害，可涂波尔多液防治。

十二、采收与贮藏

1. 板栗的采收

板栗成熟后要适时采收。板栗成熟的标志：栗蓬呈黄色，蓬顶裂开，栗果褐色有光泽。板栗采收期因品种而异，一般早熟品种9月上旬采收，晚熟品种则到10月上旬才能采收。

（1）自然落果采收法：栗果成熟后，总苞（栗蓬）开裂，果实自然脱落，每日早晨拣拾。这样采收的栗果充实饱满，产量高，耐贮藏，但是采收期过长。自然落果采收还必须在栗子成熟前铲除杂草，平整栗园，这样落下来的栗子容易拣拾。

图 1–9　板栗果实

（2）打落采收法：在总苞大部分变为黄褐色，有部分总苞开裂时，用木杆轻轻打落。采收后，将总苞堆积覆盖，要随时洒水防干燥。几天后总苞全部开裂，取出果实，可一次完成采收任务。

以上两种采收方法也可结合应用，一株树上早熟的用自然落果采收，晚熟的可打落采收，这样可缩短采收期。

2. 板栗的贮藏与保鲜

（1）沙藏法：

①室内堆藏。在阴凉室内，铺一层高粱秆或稻草，其上铺一层手握成团、一触即散的湿河沙，然后按 1 份栗果 2 份河沙的比例，将果沙混匀后堆放其上。也可将栗果和河沙分层交互放置，每层 4 ~ 7 厘米厚。最后在栗堆的上部覆湿河沙一层，厚 4 ~ 5 厘米，沙上再盖以稻草。堆高以 80 ~ 100 厘米为宜。沙藏期间要每隔 3 ~ 4 周翻动检查一次。

②露天坑藏。选择地势高、干燥、排水良好的背阴处挖贮藏沟，沟宽不超过 100 厘米左右，深 80 ~ 100 厘米，长度视贮藏板栗的数量而定。先在坑底铺河沙一层（粗沙子，含水量在 8% ~ 10%），厚约 10 厘米，再将栗、沙分层交互放入坑内；或 1 份栗 2 份沙混合放入坑内。堆至距地面 12 ~ 15 厘米时，用沙填平，

上面加土成屋脊状。为了降低坑内温度，可于坑中间每隔 100 厘米左右，立放秸秆一束，以利通气，贮藏期间要经常检查。

（2）塑料薄膜袋贮藏法：选用正常成熟的栗果，先经过 1 个月的发汗和散热时间，以降低其湿度和呼吸产生的热量。用大小适宜的聚乙烯塑料食品袋，每袋装板栗 5 千克左右，放在干燥、通风、气温比较稳定的地方。果实装袋前，宜先进行消毒处理，以防栗果发霉，晾干后再行装袋，扎紧袋口（但不宜过紧）。每周检查翻动一次，1 个月后延长检查翻动时间。经常进行翻动和检查，既利于袋内通风换气，又能够散失袋内的水分。尤其在温度高、袋内湿度大的情况下，更需要加强翻检。

（3）锯末贮藏法：贮藏前要对锯末进行处理，首先选取新鲜未发霉的锯末，含水量以手捏成团、手松缓慢散开为度，含水量 30%～35%。

在通风凉爽的室内，用砖头围成 1 平方米见方、高约 40 厘米的方框，框内近地面先铺一层锯末材料，厚约 5 厘米。然后将栗果与锯末以 1∶1 比例混合倒入框内，最上面覆盖锯末材料 5～10 厘米厚。或将完好的栗果与锯末混合，装入箱中，上面再覆盖锯末材料约 10 厘米，放置通风阴凉处。

贮藏期间要经常检查室内的温度、湿度、通风条件以及箱或堆内的状况，如遇温度过高、湿度过大时，需要及时通风；若干燥时要及时补充锯末水分，使板栗不霉、不变质，并要注意防鼠。如箱或堆内出现严重腐烂时，应及时翻查，防止蔓延。

（4）板栗气调贮藏法：所谓气调贮藏，是调节贮藏环境中氧气和二氧化碳气体成分的比例，来达到延缓贮藏期限的目的，这是当前一种比较先进的贮藏方法。临沂市目前已采用气调库贮藏板栗，效果良好，且贮藏的数量较大，无污染。

（5）坛藏法：将栗果放入干燥清洁的细口坛（多用泡菜坛，切忌用酒坛）内，装满栗果后，用塑料薄膜扎紧封口或用黄泥密封。也可在坛沿经常灌水，进行密封，这样可保存到春节。

（6）带苞贮藏法：当板栗蓬苞 30% 左右裂口时，将已成熟的蓬苞采摘下来，放入盛器里，依次排放，苞口朝上，装满盛器。上面用少量干净白稻草盖上，放入干燥、通风、凉爽的室内，使其成熟一段时间。开口后也不取栗子。需要吃时，将栗蓬一起取出。这种保存法到第二年开春后，仍新鲜如初，但要防止春后萌芽。

第二章 核桃高产栽培技术

核桃（图 2–1），又称胡桃。核桃仁含有丰富的营养素，蛋白质、脂肪、碳水化合物含量丰富；也含有人体必需的钙、磷、铁等多种微量元素和矿物质以及胡萝卜素、核黄素等多种维生素。核桃中所含的脂肪，食后不但不会使胆固醇升高，而且还能减少肠道对胆固醇的吸收，对人体保健有很好的作用。因此，可作为高血压、动脉硬化患者的补品。此外，这些油脂还可营养大脑，因此常食用核桃有健脑益智作用。《本草纲目》说过：核桃能“补肾通脑，有益智慧”。核桃是神经衰弱的治疗剂。患有头晕、失眠、心悸、健忘、食欲不振、腰膝酸软、全身无力等症状的人群，每天早晚各吃 1 ~ 2 个核桃仁，即可起到滋补治疗作用。

图 2–1　核桃

核桃仁还具有补气养血、润燥化痰、温肺润肠、散肿消毒等功能。最近的科学研究还证明，核桃树枝对肿瘤有改善症状的作用，以鲜核桃树枝和鸡蛋加水同煮，然后吃鸡蛋，可用于预防子宫颈癌及各种癌症。

一、核桃育苗

临沂地区最好用普通核桃苗的实生苗作砧木，也可以采用野生核桃树。留种用的核桃应适当等其充分成熟才采。9 月 10 以前采收的核桃，发芽率低于 45%；9 月 20 日至 10 月 10 日采收的核桃，发芽率达 85% 以上。采后脱去青皮，晒干，上冻前进行沙藏处理。用盐水浮沉法选出饱满种子，以一层 15 厘米厚的湿沙、一层核桃，重复逐层放好，直到坑口 20 厘米处。然后，用湿沙将坑口埋平，上面用土培成屋脊状。为使坑内通气，在坑中央应放一束秸把。春季取种前应检查 1 ~ 2 次。未经沙藏的干种子，春播前应进行催芽处理。用冷水浸种 5 ~ 7 天每天换水一次，或用 10% 的石灰水浸种 10 ~ 13 天，每天搅拌 1 ~ 2 次，然后捞出曝晒几个小时，再置于温度 20 ~ 25℃的温床或火炕上催芽，一般一周左右即可出齐小苗。播种可在土壤解冻后尽早进行。育苗地亩施 5 000 千克有机肥，整平，做成 1 米宽的畦进行条播，行距 30 厘米，株距 15 ~ 20 厘米，开沟深 10 厘米，覆土 5 ~ 7 厘米。播种时以缝合线与地面垂直、种尖向一侧为佳。每亩用种量 110 ~ 130 千克，产苗 7 000 ~ 8 000 株。出苗后应强化肥水管理，中耕除草和防治苗期病虫害。

一些缺水干旱地区惯用直播建园，每穴播 2 ~ 3 粒种子，待小苗生长 1 ~ 2 年后嫁接。播种时先挖 25 ~ 30 厘米深的小坑，下面挖松并施有机肥，踏实后播种。种子上面覆土 12 厘米，上面保留 14 ~ 16 厘米深的小坑，以便土壤保持水分，有利出苗。

二、苗木嫁接

核桃苗的嫁接一般采用枝接或芽接两种方法。

1. 枝接

核桃枝接（图 2−2）适期为砧木展叶至初花期，在山东大概为 4 月中上旬。接穗需选用健壮发育枝或长果枝的中下部，接前剪成芽枝段，在 95 ~ 100 波美度石蜡中速蘸。嫁接方法可采用劈接和插皮舌接。接后一定要包严接口。为防止伤流对嫁接成活率的影响，接前可对砧木进行放水处理。即在砧木基部周围斜向下劈几刀，深入木质部，使伤流液从刀口流出。刀口的多少要根据砧木的粗度和嫁接时的伤流量确定，一般 3 ~ 5 刀即可。

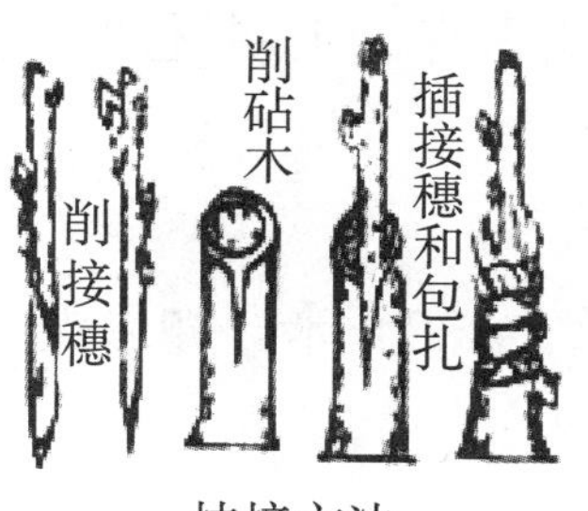

枝接方法

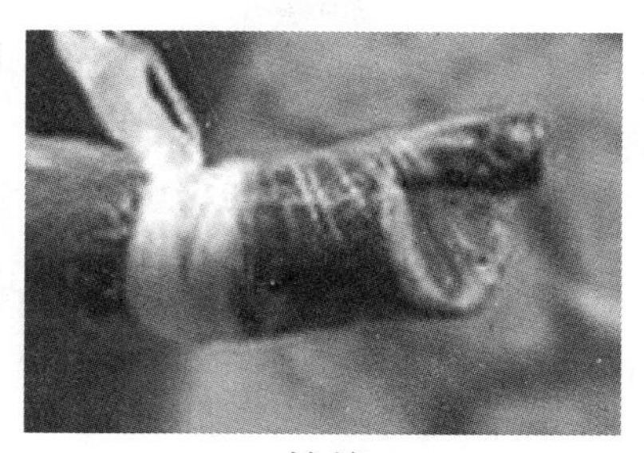
枝接

图 2-2

2. **芽接**

华北地区多于 7 月中旬至 8 月中旬进行芽接。芽接的接穗最好是随接随采，剪下的接穗要立即去掉叶片。芽接方法一般用“丁”字形和嵌芽接（图 2-3），“丁”字形芽接法效果不错。这种方法可使微量伤流从接芽下部横切口处溢出，从而克服了其他芽接法伤流侵蚀芽片的问题，提高成活率。

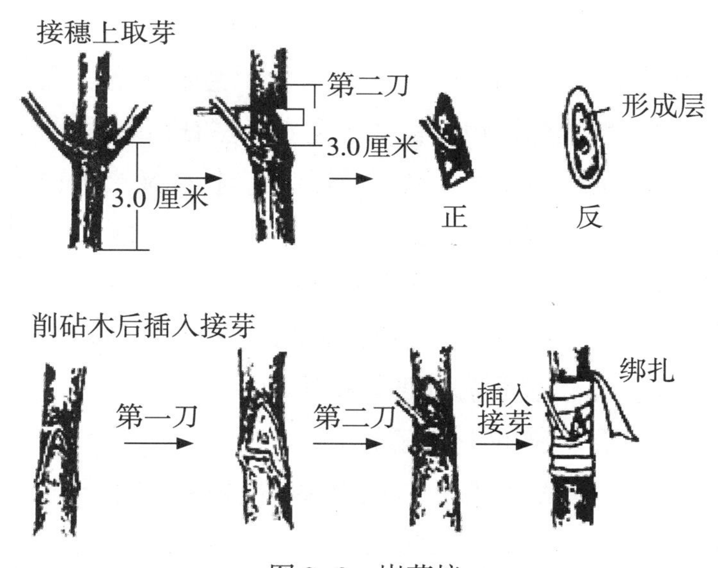

图 2-3　嵌芽接

接后管理：嫁接成活后要注意及时解绑和除萌。接穗萌芽后，每亩可追施尿肥 10～15 千克，每次施肥均要结合灌水。苗木生长至 20 厘米时，要立支柱防风害。同时，还要及时防除病虫害，以保证苗木正常生长。

三、核桃的栽植

1. **选一块好地**

在选择地点时，一般以气候条件、土壤厚为重点。以坡度较缓，光照充足，空气流畅，土厚，疏松，含很多腐殖质的地块为宜。土层过薄易形成“小老头树”，或连年枯梢，不能形成产量。

2. 挖一个大坑

夏季进行。坑的规格为长 1 米、宽 1 米、深 0.8 米。如果没有在夏季提前挖好坑，也可以在种植前现挖现栽。

3. 放一担农家肥

坑挖好后，按一层土一层树叶、杂草（或有机肥料）的方式把坑填平，略低于地面，以利存水。一直放到栽苗时使用。

4. 栽一棵壮苗

（1）栽植时间：栽植核桃的时间应在秋末冬末或春初，即在农历九月或过了年的正月进行。夏季不宜栽植。

（2）栽植方式和密度：核桃栽植方式一般要根据山势及地形而定。平地，可以按长方形栽植；坡度大的山地，则以三角形为好。

栽植密度以每亩 12 ~ 16 株为宜。平地株行距为长 7 米、宽 8 米或长 9 米、宽 6 米，每亩约 12 株；坡地株行距为长 7 米宽 6 米左右，每亩为 15 ~ 16 株。通常栽植核桃的地块与农作物间作，效果更好，做到既产核桃又产粮食，一举多得。

（3）栽植原则：栽植要遵循“正、向、直、埋、提、踩”六字原则。

①正。栽植时将苗木放于准备好的坑中央，前后左右对正。

②向。栽植苗木时，应使苗木与移栽前的方向一致。

③直。使苗木直立，并让根系向四周展开。

④埋。埋土时，拌合肥料的一并埋土。

⑤提。待根系全部埋完后，轻轻提动苗木，使根系与细土充分接触，然后再逐渐填土，直至埋土与苗木在原苗圃埋土深度一致为宜。

⑥踩。填土过程中，边填边踩，填一层土踩一遍，直至土填到高于地表 5 ~ 10 厘米时止。

5. 浇一挑清水

栽植全面用脚踩实，整出树盘后，浇大约一挑（50 千克）水，待水渗透后用细土封盖，树盘要略高出地平面。

6. 盖一块地膜

每株覆盖 1 块 1 米 ×1 米的农用地膜，膜中心剪成直径比苗干稍大的小孔，苗茎干由其中穿过，落地后小孔用细土盖上膜，四周需埋入地面表土以下。

四、核桃树的整形

1. 定干整形

定干整形主要是指确定树干的高度和培养树干的方法。树干也叫主干，是指树木从根颈起到第一个主枝基部之间的部分。树干的高低对于冠高、生长与结实、栽培管理、间作等关系极大，应根据核桃树的品种、生长发育特点、栽培目的、栽培条件和栽培方式等因地因树而定。在核桃种植后长到大约1米进行定干，保留3～4个大枝自然开张型。

2. 定干高度

我国目前栽培的晚实核桃树和早实核桃树条件千差万别，栽培方式也不尽相同，所以定干高度也有所区别。晚实核桃树结果晚、树体高大，主干留得高一些。由于株行距也大，可长期进行间作。为了便于作业，干高可留2米以上；如考虑到果材兼用，提高干材的利用率，干高可达3米以上。早实核桃由于结果早，树体校小，干高可留得矮一些。拟进行短期间作的核桃园，干高可留0.8～1.2米；早期密植丰产园干高可定为0.3～1.0米。

由于晚实核桃树与早实核桃在生长发育特性方面有所不同，其定干方法也不完全一样。在正常情况下，二年生晚实核桃树很少发生分枝，3～4年生心后开始少量分枝，高生长一般可达2米以上。达到定干高度时，可通过选留主枝的方法进行定干。具体做法是，在春季发芽后，在定干高度的上方选留一个壮芽或健壮的枝条，选做第一个主枝，并将该枝或萌发芽以下的枝芽全部剪除。如果幼树生长过旺，分枝时间延迟，为了控制干高，可在要求干高的上方适当部位进行短截，促使剪口芽萌发，然后选留第一主枝。对于分枝力强的品系，只要栽培条件较好，也可采用短截的方法定干。如果栽培条件差，树势好，采用短截法定干，容易形成心形，故弱树定干不宜采用短截的方法。

早实核桃在正常情况下，二年生开始分枝并开花结实，每年高生长可达0.6～1.2米。其定干方法可在定植当年发芽后，进行抹芽作业。即定干高度以下的侧芽全部抹除。若幼树生长未达定干高度，翌年再行定干。遇有顶芽坏死时，可选留靠近顶芽的健壮侧芽，使之向上生长，待达到定干高度以上时再行定干。定干时选留主枝的方法同晚实核桃。

五、核桃树的修剪

核桃修剪随幼树、盛果树、衰老树而有所不同。同时，在开花结果期，适当进行疏花疏果。

1. 幼树的修剪

核桃修剪时间与其他果树不同，休眠期修剪会引起伤流，轻者会引起树势衰弱，重者造成死亡。一定要注意不能在休眠期修剪。最佳修剪时间在果实采收后叶片变黄前，一般是 9 月中旬 ~ 10 月上旬。此时修剪不会造成伤流，且伤口愈合快。幼树因无果，可提前到 8 月下旬修剪。

修剪的具体措施：主要剪除弱枝、交叉枝、重叠枝、平行枝及病枝，疏除过密枝等，以培养各级枝。

2. 成年树的修剪

刚进入成年期的核桃树，树形已基本形成，产量逐渐增加。此时期临沂地区核桃树的主要修剪任务是：继续培养主、侧枝，充分利用辅养枝早期结果，积极培养结果枝组，尽量扩大结果部位。修剪原则是：去强留弱，先放后缩，放缩结合，防止结果部位外移。即剪掉特粗壮强大枝条，保留较弱小的枝条。

3. 盛果期树的修剪

盛果期的大核桃树，树冠大部分接近郁闭或已郁闭，外围枝量逐渐增多，且大部分成为结果枝，并由于光照不良，部分小枝干枯，主枝后部出现光秃带，结果部位外移，易出现隔年结果现象。这个时期修剪的主要任务是：调整营养生长和生殖生长的关系，不断改善树冠内的通风透光条件，不断更新结果枝，以达到高产稳产的目的。这个时期修剪的目的是：通过修剪稠密枝条或部位，让树的上部宽松。

4. 衰老树的修剪

核桃树进入衰老期的特点是，外围枝生长量明显减弱，小枝干枯严重，外围枝条下垂，产生大量“死梢”，同时萌发出大量徒长枝，出现自然更新现象，产量也显著下降。为了延长结果年限，对衰老树应及时进行更新复壮。更新的方法如下有：

（1）主干更新：也叫大更新，即将全部主枝锯掉，使其重新形成主枝。方法有两种：一种是对主干过高的植株，可从主干的适当部位，将树冠全部锯掉，利用潜伏芽萌发，然后从新枝中选留合适、健壮的枝 2 ~ 4 个，培养主枝；另一种做法是对主干高度适宜的开心形植株，可在每个主枝的基部锯掉。如主干形，可先从第一层主枝的上部锯掉树冠，再从上述各主枝的基部锯断，使各主枝基部的潜伏芽萌发成新主枝。

（2）主枝更新：主枝更新也叫中度更新，即在主枝的适当部位进行回缩，使其形成新的侧枝。具体做法是：选择健壮的主枝，保留 50 ~ 100 厘米长，其余部分锯掉，使其在主枝锯口附近发枝。发枝后，每个主枝上选留适宜的 2 ~ 3 个健壮的枝条，培养成一级侧枝。

（3）侧枝更新：侧枝更新也叫小更新，即将一级侧枝在适当的部位进行回缩，使其形成新的二级侧枝。其优点是新树冠形成和产量增加均较快。具体做法是：在计划保留的每个主枝上，选择 2 ~ 3 个位置适宜的侧枝。在每个侧枝中下部长有强旺分枝（必须是强旺枝）的前端（或上部）剪截。疏除所有的病枝、枯枝、单轴延长枝和下垂枝。对明显衰弱的侧枝或大型结果枝组应进行重回缩，促其发新枝。对枯梢枝要重剪，促其从下部或基部发枝，以代替原枝头。对更新的核桃树必须加强土、肥、水和病虫害防治等综合技术管理，以防当年发不出新枝，造成更新失败。

即大更新：将主枝全部锯掉；中更新：在适当部位进行短截；小更新：将侧枝在适当的部位进行回剪。

六、核桃树的品种改良嫁接

核桃树的品种改良嫁接，可分为壮枝嫁接和绿枝嫁接两种。

1. 壮枝嫁接

常用方法为插皮法。首先接穗应为发芽前 1 个月左右采集，接穗粗细应在 1 ~ 2 厘米，枝条紧实，芽饱满，无病虫害。接穗采取后应分类放在低温（0 ~ 5℃）的环境下，也可以嫁接时随接随取。嫁接时间为 4 月上旬至 5 月上旬。嫁接对象一般选择 5 年左右小树，树干直径一般在 2 厘米以上生长旺盛的树。对 10 年以上大树也可采用多个枝头接，方法是把接穗首先剪成 12 厘米左右，每段上有 2 个以上好芽，再把每段削成 6 厘米左右长的楔形。在树光滑平直处将上端截去，将截口削平，在插穗处削个 2 ~ 3 厘米的月牙状口，然后，削去切口下的树皮，露出韧皮，其形状大小略大于接穗契形，将接穗插入，然后用塑料绳捆绑，由上往下捆绑密实，捆绑时应从接口开始，过低，不利于成活。捆绑完成以后再遮阴保温，一般用废报纸或筒状物再填入细湿土，但不能太湿，最后套上塑料袋。

2. 绿枝嫁接

主要使用芽（芽的基部为方块形），时间为6月，接穗随接随取，被接树木为当年新发的枝条。大树接要在冬季修剪时将老枝条短截，以使用萌发后的新枝。

3. 接后管理

（1）观察除萌：勤观察并及时去除新发芽。

（2）防风折：嫁接嫩枝长到20厘米时，要固定支架，防止被风折断。

（3）去袋：接后20～30天时开口处理，第一次开口烟头大小，第二次开口五分钱大小，第三次除去套袋报纸等。

（4）补接：没有成活的接穗，应选位置合适、发生在砧桩上萌蘖留2～3个，在6月进行芽接。

（5）修剪：嫁接后的核桃树容易形成丛状枝，应及时修剪，短截、疏枝相结合，尽量快速扩大树冠，并加强肥水管理和病虫害防治，摘除幼果，使其尽快见效。

七、土壤管理

1. 间作

多年生的作物、林木和果树与核桃实行隔行种植。在农作物耕种、松土、除草、施肥和灌水的同时，对核桃树也起到营养作用，这样核桃树生长健壮，病虫害减少，产量高。

树下隔行种植是指利用核桃树下的空间和空地种植较矮小的作物和树种。隔行种植应注意以下几点：①核桃幼树因树和根都小，故应种小麦、谷子、甘薯、豌豆等低矮作物，并在幼树树干接地面处留一米左右直径的空间，便于施肥、除草。②核桃树长高后，可以种植玉米、小麦、谷子、豆类、花生、草莓、萝卜等。③核桃林下忌种苹果、黑草莓、西红柿、马铃薯、苜蓿等。

2. 除草

核桃园的除草，可结合间作作物的进行。没有间作的核桃园，可根据杂草的发生情况而定除草的次数，一般每年除草3～4次即可。除草方式可人工或机械除草。也可用除草剂，常用的除草剂有扑草净、阿特拉津、草甘膦等。应用草甘膦在核桃园中除草，每亩用量0.25千克，加水50千克在杂草大量发生的初期喷洒，对于禾本科杂草、蒿类、灰菜、马唐草、蓟菜、苦菜等灭草效果较好。

3. 松土

每年夏季和秋季各进行一次，有条件的可据土壤情况而定，增加松土次

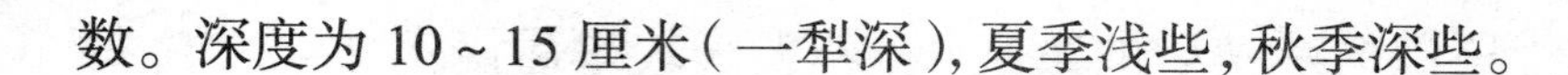

数。深度为 10～15 厘米（一犁深），夏季浅些，秋季深些。

八、施肥管理

1. 施肥量

一般来说，幼树以施臭化肥（碳酸氢铵）或尿素为主，成年树则应施臭化肥（碳酸氢铵）或尿素的同时，增施磷肥和硫酸钾（或草木灰）肥。1～5 年生未结果树，每棵树每年施肥量是：一年生臭化肥 0.5 千克或尿素 0.25 千克，磷肥 、硫酸钾（或草木灰）肥各一把，以后每年按树龄递增臭化肥 0.5 千克或尿素 0.25 千克，五年生增加到臭化肥 2.5 千克或尿素 1 千克，磷肥、硫酸钾（或草木灰）肥适量增加，并增施土粪一铁锹；6～8 年开始结果以后，年施肥量为臭化肥（碳酸氢铵）2.5 千克或 1.5 千克，磷肥 0.5 千克，硫酸钾 0.5 千克（或草木灰半筐），并增施土粪一铁锹（约 5 千克）。

2. 施肥时间

主施肥：一般在春秋两季进行，以秋季为好。以土粪肥为主。

次施肥：一般每年进行 2～3 次，第 1 次在开花前或叶展开时进行。第 2 次在 6 月。第 3 次追肥在 7 月，以复合肥为主。

3. 施肥方法

（1）绕树挖沟法：以树为中心，挖一圆形沟，深 30 厘米，宽 20～40 厘米，将肥料与土壤拌匀填入沟内，然后埋上土。沟可挖半圈，也可挖整圈，此法一般用在四年生以下的幼树。

（2）挖坑施肥：在树冠所覆盖的地面内，挖若干个小坑，将肥料埋入即可。

（3）行间或株间施肥：在核桃树行间或株间、树冠边侧，分别挖平行的施肥沟，沟的宽和深与其他方法相同，长度根据树冠大小定。挖沟的位置一年一换。该方法用于幼树和成年树。

（4）全园撒施：一般针对大树施肥用此方法。方法是：先将肥料均匀地撒入全园，然后浅翻。在施肥时，应注意草木灰不能和腐熟人粪尿混合施用。

施肥后均应立即灌水，以增加肥效。若无灌溉条件，应防止水分流失。

九、水分管理

核桃喜湿润，耐涝，抗旱力弱，灌水是增产的一项有效措施。在生长期间若土壤干旱缺水，则成果率低，果皮厚，种仁发育不饱满；施肥后如不灌水，也不能充分发挥肥效。因此，核桃树栽植后的第一年，若天气较旱需浇水 2 ~ 3 次，每次每株浇水两小桶，有条件的地方每年在核桃开花前浇水 1 ~ 2 次。灌溉后及时松土，以减少土壤水分损失。核桃对干旱比较敏感，缺乏水源的地区可覆盖保墒。

雨季则需排除田间积水。在地里很容易就能挖出水的地方，可挖深沟降低水害（根据核桃树根系的生长深度，可挖深 2 米左右的排水沟）。在易积水地区，可在周围挖排水沟。在春梢停长后到秋梢停长前要注意控水，以控制新梢后期的生长。

冬春经常发生冻旱“抽条”的地区，初冬应灌封冻水 1 次。

十、核桃果实的采收及处理

1. 核桃果实的采收

（1）核桃成熟的特征：核桃外果皮由绿色变黄绿色，并且开裂。同一株上的核桃果实的成熟是不一致的，当核桃树外果皮开裂出现快到一半的裂果时，即可采收。

（2）采收方法：核桃采收方法分人工采收法和机械振动法两种。人工采收是在果实成熟时，人工采摘或用一根长竹竿顺枝敲击，敲打时应从上而下，从内向外顺枝进行，以免打断小枝，影响翌年产量。

在国外，近年来使用机械振动采收核桃。采收前 10 ~ 20 天，在树上喷布乙烯利催熟，使果柄易脱离，青果皮开裂，用机械摇动树干，使果实落到地面。

2. 核桃果实的处理

核桃果实采收后，将其及时运到室内，或室外阴凉处，不能放在阳光下暴晒。在阳光下暴晒的果实，会使种仁颜色变深，而降低果品质量。核桃脱皮使用的常用方法有人工剥皮法、堆沤法、用药法、机械法。

（1）人工剥离法：核桃果实采收回后，及时用刀或剪子将果皮剥离，刮净果皮。

（2）堆沤法：核桃采收后送到阴凉处、庭院内或室内，依采收的先后进行堆放，一般厚度在膝盖高左右，宽度和长度可按数量多少而定。堆子上面铺一层厚 10 厘米左右的草或树叶。一般需堆沤 3 ~ 5 天即可脱青皮。熟好的时间短，熟不好的所需时间长。

（3）用药去皮：将果实堆放在地上，用 300 ~ 500 倍的催熟剂（乙烯利）水液喷洒后，上面再覆盖塑料薄膜，一周后绝大多数的核桃果开裂，用手轻轻搬开即可离皮。青皮不腐烂，不染种壳，而且离皮率高。

（4）机械去皮：采用机械去青皮，效率高，质量好，既可减轻劳动强度，又可避免核桃青皮对手的伤害（建议采用新疆农业科学院农机化研究所研制的6BXH−800核桃青皮剥离、清洗机和大理白族自治州农机研究所研究出的一种小型脱核桃青皮机）。

去掉青皮后的核桃应及时用水清洗，洗去残留在上边的污染物、泥土和纤维，进行暴晒，干后再存起来。

（5）坚果晾晒：核桃坚果漂洗后，不可放在阳光下暴晒，以免核壳破裂，核仁变质。洗好的坚果，应先摊在竹席或高粱编成的栅子上阴干半天，待大量水分蒸发后再摊晒。晾晒时，果实摊的厚度不超过两层。注意雨淋和晚上受潮。一般晒7天即可。

判断核桃坚果干燥的标准是：坚果碰敲声音脆响，横隔膜易于搓碎，种仁皮色由浮白变为淡黄色，核仁酥脆，种仁含水率不超过70%。

（6）坚果贮藏：①短期存放。将晾干的核桃装入尼龙网袋或布袋内，放在通风、干燥的室内。为防止潮湿，下层垫起，防止鼠害。②低温贮藏。贮量多，长期贮存，可将坚果用麻袋包装，贮存在0～1℃的低温冷库中。

十一、主要病虫害防治

1. 核桃黑斑病

防治方法：①栽抗病品种；②保持树体健壮生长，及时清除病果、病叶等；③发芽前喷1∶1∶200（硫酸铜∶石灰∶水）石硫合剂。5～6月喷洒波尔多液或50%甲基托布津可湿性粉剂500～800倍液，在开花前、开花后和幼果期各喷1次。

采收后，结合修剪，清除病枝，收拾净枯枝病果，集中烧毁或深埋，以减少病源。

2. 核桃炭疽病

（1）病害症状：果实受害后，果皮上出现褐色至黑褐色圆形或近圆形病斑，中央下陷且有小黑点，有时呈同心轮纹状，空气湿度大时，病斑上有粉红色突起。病斑多时可连成片，使果实变黑而腐烂或早落。危害果、叶、芽及嫩梢。果实受害后，果皮发生褐色至黄褐色病斑，圆形或近圆形，中央下陷，病部小黑点，略呈轮状，雨后或潮湿时黑点上溢出粉红色黏质孢子团。

（2）侵染途径：病菌在病果或病叶上越冬，病孢子借风雨和昆虫传播，从伤口或自然孔侵入，发病期在 6～8 月。雨季早、雨量大、树势弱、枝叶稠密及管理粗放时发病早且重。

（3）防治方法：在发病前喷 1∶1∶200（硫酸铜∶石灰∶水）的石硫合剂；发病期间喷 40% 退菌特可湿性粉剂 800 倍液，或 50% 多菌灵可湿性粉剂 1 000 倍液、75% 百菌清 600 倍液、70% 或 50% 甲基托布津 800～1 000 倍液，每隔半个月 1 次，喷 2～3 次。

3. 核桃枝枯病

（1）危害症状：主要危害枝干，一般发病率 20% 左右，严重引起大量枝条枯死，对树体生长及核桃产量均有很大影响。

病害先从一、二年生的枝梢或侧枝的顶端开始，逐渐向下蔓延至主干，病枝上叶片变黄脱落，皮层略隆起，并失去绿色呈灰褐色，后变浅红褐色至深灰色，枝条枯死。枯死的枝条上产生许多黑点，呈扁圆形瘤状突起，即病菌分生孢子团。

（2）防治方法：①清除病株、枯死枝条集中烧毁，减少发病来源；②林粮间作，改善通风透光条件，加强管理，增强树势，能提高抗病力；③加强防冻、防旱、防虫等工作，减少核桃树的各种伤口，冬季进行树干涂白。

4. 核桃天牛

防治方法：在幼虫出现的时期，冬末春初用呋喃丹埋于根部进行防治。

5. 木蠹蛾

防治方法：在幼虫出现时期。在发现根部有幼虫危害时，即扒开皮层挖出幼虫；将根部封土扒开，用 40% 的乐果乳剂 20 倍液注入虫孔中，然后用湿土封严，杀死幼虫；于虫子产卵期，在树干 1.5 米处以下至根部喷 1～2 次 50% 对硫磷乳剂 400 倍液，杀死幼虫。

6. 金龟子和刺蛾

防治方法：发生严重时，即虫子大量发生期，用堆火或黑光灯诱杀；可选用 90% 敌百虫 800 倍液、水胺硫磷 800 倍液、对硫磷 2 000 倍液喷洒防治，杀虫率可达 90% 以上。

第三章
枣树栽培技术

枣树（图 3-1）栽培历史悠久，具有很高的经济、生态、社会效益。枣树全身皆宝，叶、皮可入药；树木可供雕刻、造船、制作乐器；果实营养丰富，鲜枣维生素 C 含量最多，是苹果的 80 倍、香蕉的 60 倍、柑橘的 30 倍，能抗癌、美容、软化血管、防动脉硬化。俗话说："一日三枣，长生不老。"枣林有防风固沙、调节气温、防止和减轻干热风危害的作用。

图 3-1　枣树

一、适合临沂地区种植的部分枣树品种

1. 伏脆蜜

果实中大，较整齐。果形短圆柱形。平均单果重 16.2 克，最大果重 27 克。果面光滑洁净，鲜红色。果肉酥脆无渣，汁液丰富，鲜果含糖量可达 30%，可食率 96.5%。一般在 8 月上中旬即可采鲜上市。树体中大，树势较旺。成龄树高 3.5 米以上。枣头灰白色，略带浅褐色，花量偏多，丰产稳产。适应性强，较耐旱。果实生长期很少落果。

2. 冬枣

果实中大，近圆形，平均单果重 14 克，最大果重 23.2 克，大小较整齐。果皮薄而脆，赭红色。果肉脆嫩汁多，极甜，略具酸味和草辛味，无渣，鲜果含糖量可达 40%，可食率 96.9%，品质极上。10 月中旬完全成熟，采收期长。树体中大，树冠开张，发枝力中等，枝叶较密。适应性较强，在黏土、沙土及轻盐碱地上均能较好地生长结果。

3. 长红枣

又名躺枣，是鲜食制干兼用型品种。果实中大，长圆柱形。平均单果重 16.7 克，最大果重 31.7 克，大小较整齐。果皮薄，赭红色。果肉肥厚，汁液含量少，鲜枣含糖量为 36%，可食率 94.2%，品质上等。9 月上中旬完熟，采收期较集中。制干率 47%，干枣含糖量为 79%。树体高大，树姿开张。抗逆性强，耐旱，耐瘠薄。花量中等，坐果稳定，早果性和丰产性均好。

4. 梨枣

果实大，长圆形，果重 25 ~ 30 克，最大果重 50 克。果面不很平整，果皮中厚，淡红色。果肉厚，白色，肉质松脆，汁多味甜，鲜枣含糖 27.9%，可食率 97%，鲜食品质上等。果实 9 月下旬成熟。树体中大、开张。果实易裂，采前落果重，适宜秋雨较少的地区栽培。

5. 大雪枣

为特晚熟鲜食品种。果实扁圆形，单果重 27 ~ 42 克，最大果重 80 克。果面平整光滑，赭红色。果肉肥厚，绿白色，鲜枣含糖量 30%，可食率 95%。10 月中旬成熟，果实较耐贮运，不裂果。树体较大，树冠开张。新生枣头结果能力强，前期丰产性好。

6. 大白铃枣

果实大，不很整齐，多数近球形或椭圆形。平均果重 26.8 克，最大果重 42 克。果皮中厚，棕红色，美观，果面有不明显的凹凸起伏。果肉松脆，汁液中多，味甜，鲜枣含糖 33%，可食率 96%，品质中等。果实 9 月上旬成熟，不裂果。树体中大，树姿开张，发枝力中等。丰产稳产。

二、枣树繁殖技术

枣树繁殖常用的方法有分株法、嫁接法和扦插法。

1. 分株法

分株法是我国枣产区的传统繁殖方法，主要是利用枣根易形成不定芽且易萌发的特性，通过培育根苗繁殖苗木。优点是，能保持母株的优良性状，但育苗量有限。

培育根蘖苗的方法有3种：①刨树盘，损伤粗1～2厘米的根，刺激伤口形成不定芽，生长根蘖苗。②在行间开沟，在离树冠外围挖深40厘米、宽30厘米左右的沟，切断2厘米以下的细根，剪平根断面。铺填松散湿土，促发根蘖苗。③将田间第1年形成的根蘖苗，夏秋季进行归圃育苗，起苗时剪除叶片，随起苗随栽植，随浇水，亩栽5 000株以上，2年后即可出圃。

2. 嫁接繁殖法

（1）砧木准备：枣的砧木主要有枣本砧（即枣的实生苗或根蘖苗）、酸枣。枣本砧最好，但由于枣核里面种仁很少，根蘖苗还需要经二级归圃培养质量才佳，所以用酸枣作砧木最为普遍。

酸枣经过采集、堆积、浸泡，去掉果肉获得种核。种植前有两种处理办法：一种叫水浸处理法，即用破壳机取出种仁后，用温水浸泡种子，促其发芽的方法。另一种叫沙藏处理法，也叫低温层积处理法，是用湿沙在冬季处理种子的一种方法，层积处理时间一般在11～12月进行，第2年3～4月播种。

（2）嫁接：

①接穗的采集与处理。采集接穗要在优良品种采穗圃或生产中健壮的优良品种树上进行。枝接接穗选用生长健壮的1～3年生枣头一次枝或2～3年生二次枝。在发芽前采集接穗。用于芽接的接穗要随采随用，采下后剪去二次枝和叶片，以减少水分蒸发。调运接穗要用草包或湿麻袋包装，运输途中要注意保湿、保温。备用接穗需将休眠期采集的枣枝按单芽或双芽截成枝段，并进行蜡封，然后放入纸箱或塑料袋中，贮藏于0～5℃冰柜或冷藏库中，春季嫁接前取出嫁接。

②嫁接方法。枣树嫁接方法有劈接、切接、插皮接等，一般在树液流动时进行（4月上旬左右）。

③接后管理。枣树嫁接后，要及时检查成活率，发现问题及时补接。枣苗生长较快，遇大风易从接口处折断，在枣苗30厘米左右时，立支柱引缚幼苗，同时解除接口处的塑料条或其他绑缚物。同时加强肥水管理和病虫害防治。

3. 扦插繁殖法

扦插繁殖方法有枝插和根插两种。枝插法又分嫩枝插和硬枝插。根插易成活但又受根系数量的限制而不能大量应用。硬枝插成活率低，嫩枝插法扦插成活率较高，但是一般需要特定的扦插环境条件才能取得好的效果。所以，现在扦插法生产上应用较少。

三、枣树萌芽前后的管理

枣树萌芽前后的管理，关系着枣树枝叶生长、花芽分化质量和全年枣果的产量。

1. 土壤管理

在土壤解冻后进行春耕，能够使土壤保持疏松，去除杂草，改善土壤的理化性状，有利于提高地温，促进根系活动。春雨过后浅翻树盘还能够切断土壤毛细管，防止水分蒸发，起到保墒的作用。春翻深度以 30 ~ 40 厘米为宜，树冠内里浅外深。

2. 肥水管理

枣树萌芽前追施速效肥，施肥数量根据树龄和树势来掌握，一般初果期幼树可以株施尿素 0.3 ~ 0.5 千克，盛果期可以株施尿素 1.0 ~ 1.5 千克。同时结合追肥灌水 1 次。这样才能提高施肥效果，促进营养的吸收和运转，利于萌芽。

3. 整形修剪

枣树的冬季修剪一般在落叶后至发芽前进行。

（1）幼树修剪：首先定干，定干一般应在定植后 2 ~ 3 年、树高 1.0 ~ 1.2 米时进行。一般定干高度为 80 厘米，应将剪口下第一个二次枝疏除，其下选 3 ~ 4 个二次枝各留 1 ~ 2 节短截，以培养基部主枝。而后定形，枣树上常用的树形有小冠疏散分层形、开心形、柱形、自由纺锤形等。定形后按时分枝，保持适当的枝量，促进树体快速发育。

（2）生长结果期树修剪：主要任务是调节生长和结果的关系，培养各类结果枝组，通过对骨干枝枝头短截，促发新枝，从而扩大树冠。

（3）盛果期树的修剪：应本着“大枝亮堂堂，小枝闹嚷嚷，树老枝不老，枝枝都见光”的原则灵活进行。清除枯枝、病虫枝、重叠枝、交叉枝、过密枝、直立的徒长枝，以均衡树势，改善通风透光条件。对多年生骨干枝先端弯曲下垂的枝段，在壮枝壮芽处回缩，以利抽生强枝，抬高枝头角度，增强树势。对骨干枝上萌生的枣头，要根据空间的大小，培养成中小型结果枝组。更新衰老的结果枝组，通常 3 ~ 10 年生的结果枝组结果能力最强。对 10 年生以上的老龄枝组要及时更新，可利用枝组附近或枝组基部萌生的新枣头替代衰老枝组，也可重截衰老枝组，并疏除剪口下二次枝，用萌出的新枣头替代衰老枝组。

（4）衰老期树的修剪：应更新结果枝组，回缩骨干枝先端下垂部分，促发新枣头，抬高枝角，恢复树势，以促其继续结果。应特别重视对新生枣头的利用，以便更新老的结果枝组。

4. 病虫害防治

坚持“预防为主，综合防治”，在加强枣园肥水管理、增强树势、提高抗病能力的基础上进行病虫害防治。

①清除园内杂草、枯枝烂叶及残留烂果，剪除病虫枝，集中深埋或烧毁，以减少病害初侵染源。

②刮树皮。在早春 3 月刮除枣树树干上的老翘皮，集中烧掉，以防止枣黏虫等成虫上树产卵和消灭病源。

③枣树萌芽前喷施一次 5 波美度石硫合剂，或施用多菌灵、甲基托布津等对枣锈病、枣缩果病、炭疽病、红蜘蛛等病虫害进行预防。萌芽展叶后，在距地面 20 ~ 70 厘米处，绑缚 10 ~ 15 厘米宽的塑料胶带，再在胶带上缘涂一层含有辛硫磷的凡士林药膏或者粘虫胶，防止成虫上树。

四、枣树花期前后的管理

在枣树花期前后采取必要的管理措施，可有效提高枣树的坐果率，提高枣树产量。

1. 花前追肥

在 4 月下旬至 5 月上旬，按每棵枣树用尿素 0.4 ~ 0.6 千克、过磷酸钙 1.5 ~ 2.0 千克、氯化钾 0.6 千克，兑水后开穴浇施。也可每棵枣树用腐熟的人粪尿 10 ~ 15 千克、草木灰 4 ~ 6 千克，兑水后浇施。

2. 花前治虫

在 3 月挖除枣尺蠖越冬蛹，并用草绳毒环防治枣尺蠖和枣飞象成虫，4 月中下旬和 5 月下旬用菊酯类农药 3 000 倍液各喷 1 次。

3. 花前摘心

花前根据枣头出现的早晚分期进行摘心，主要是对不作骨干枝的枣头，当骨干枝上出现4～5个永久性二次枝时，根据长势强弱，分别留4个或3个二次枝摘心。

4. 叶面追肥

在初花期用0.3%～0.5%的尿素溶液进行叶面喷施，以提高花蕾分化质量。在盛花期和幼果期，用0.3%的尿素溶液和0.4%的磷酸二氢钾溶液的混合液进行叶面喷施，能减少落花落果，提高坐果率，还能增加单果重，提高枣果品质。

5. 花期喷水

枣树花期常遇高温干旱天气，容易造成枣花柱头枯萎脱落，应在开花期对枣树树冠喷洒清水，提高湿度，促进花粉萌发。喷水要在每天高温到来之前进行，每株喷水3～4升，2～3天喷1次，连喷3～4次。

6. 花前摘心

花前对不作骨干枝的枣头，当骨干枝上出现4～5个永久性二次枝时，根据长势强弱，分别留4个或3个二次枝摘心。因枣头出现的早晚不一，故摘心要分期进行。

7. 花期环剥

在距地面10～20厘米高的树干上，环切两圈，切口宽3～5毫米，深达木质部，取出韧皮部。要求剥口不留残皮，不出毛茬，以利愈合。以后每年间隔3～5厘米向上进行，到主枝分杈处再回剥。环剥要掌握“三不剥”原则，即小树不剥、弱树不剥、不到环剥时期不剥。环剥后要涂药防虫，用纸或塑料薄膜包严，以防水分蒸发。

8. 花期放蜂

据调查，花期在枣园放蜂可提高坐果率1倍左右，增产20%～30%，且蜂箱距离枣树越近坐果率越高。

9. 花期喷硼

硼能促进花粉吸收糖分，活化代谢过程，刺激花粉萌发和花期花粉生长。用0.2%～0.3%的硼砂溶液或0.1%～0.2%的硼酸溶液均匀喷施叶面，整个花期可喷2～3次。

五、枣树果实生长期的管理

枣树果实生长期管理，对于促进树体营养物质的积累和转化，提高枣果风

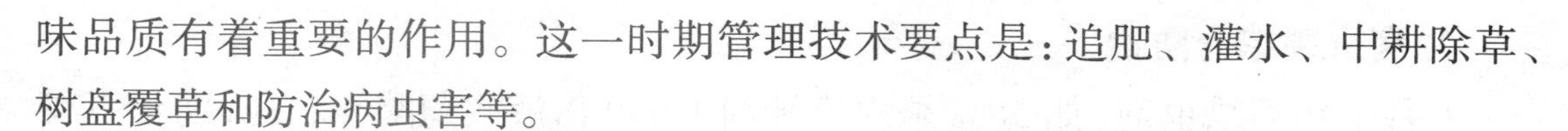

味品质有着重要的作用。这一时期管理技术要点是：追肥、灌水、中耕除草、树盘覆草和防治病虫害等。

1. 土肥水管理

（1）中耕除草：为使枣树生长良好，夏季应及时追肥、灌水，雨后进行中耕除草2~3次，以保持树下土壤疏松，不生杂草。

（2）叶面喷肥：从7月上旬至8月下旬，每隔15天喷一次0.3%尿素加0.3%磷酸二氢钾溶液，能防止落果，增加果重，提高品质。

（3）追施促果肥，浇灌促果水：幼果生长期，正是地上部分和地下部分第2次生长高峰，果实细胞分裂生长十分活跃，是氮、磷、钾三要素吸收最多的时期，树体需要充足水肥，以利枣果发育。如此时缺水缺肥，将导致生理落果，或影响果实增大。幼果期以氮肥为主，适当配合磷钾肥，成龄树可株施硫酸铵（或碳酸氢铵）0.5~1千克、过磷酸钙2~3千克。施肥方法可采用穴状施肥、环状沟施或放射状沟施。也可叶面喷施0.4%~0.5%的尿素与3%过磷酸钙溶液，或3%~5%草木灰浸出液。果实生长后期也要注意追肥，以增加树体养分，提高果实品质。一般以磷钾肥为主，大树用量1~2千克，小树追肥0.5~1.0千克。如果叶片出现缺铁黄化现象，可喷0.3%~0.5%硫酸亚铁，以提高光合作用，使叶片转黄为绿。在施肥的同时，根据降水情况适当灌水。

2. 夏季修剪

夏季修剪是枣树栽培中一项很重要的技术措施，可大幅度提高坐果率。夏季修剪主要技术如下：

（1）摘心：萌芽展叶后到6月，可对枣头一次枝、二次枝、枣吊进行摘心，阻止其加长生长，以利于当年结果和培养健壮的结果枝组。对枣头一次枝摘心程度依枣头所处的空间大小和长势而定。一般弱枝重摘心（留2~4个二次枝），壮枝轻摘心（留4~7个二次枝）。对矮蜜枣园也可对二次枝和枣吊进行摘心。摘心要适度，过强虽当年结果多，但影响结果面积增大，次年二次枝上大量萌发枣头。摘心过轻时，坐果率降低，品质差，结果枝组偏弱。

（2）抹芽：抹除主干、骨干枝上萌发的没用萌芽。

（3）疏枝：春夏季节从枣股上发出的新枝，或从枣头基部萌发的徒长枝以及其他交叉枝、密生枝等，如无利用价值，要在枝条尚未木质化时疏掉，以减少营养消耗，改善光照条件，促进坐果。

3. **病虫害综合防治**

6 月上旬喷杀虫剂，如 50% 杀螟松乳剂 1 000 倍液或菊酯类农药，防治枣粉蚧、桃天蛾、枣黏虫、枣步曲。6 月下旬再喷杀虫剂，如 50% 辛硫磷乳剂 200 倍液，防治枣黏虫、日本龟蜡蚧、桃小食心虫。7 月下旬和 8 月中下旬各喷一次 1：2：200 波尔多液 + 50% 杀螟松乳剂 1 000 倍液，防治枣锈病、刺蛾类、桃小食心虫、炭疽病。

六、枣树采果后的管理

9 月中旬至 10 月初，枣果陆续成熟，进入采收阶段。为了恢复树势，促使秋梢健壮，培养优良结果母枝，为来年稳产、高产奠定良好的基础，必须加强枣树采果后的管理。

1. **土肥水管理**

（1）深翻改土：枣园尤其山区枣园，土壤贫瘠，在土壤封冻前翻耕枣园不仅能改良土壤，促进根系生长，而且能将残余的落叶、病果等翻入土中，同时又能将在土中越冬的桃小食心虫、枣黏虫等害虫翻到地面，被鸟类吃掉或冻死。翻园时间以愈接近土壤封冻效果愈好，翻园深度以 15 ~ 20 厘米为宜。

（2）叶面追肥：在枣果采收后进行叶面喷肥，有助延缓落叶，增强枣树生长后期叶片的光合效能，提高贮藏营养水平。可以喷 0.3% ~ 0.5% 的尿素和 0.3% ~ 0.4% 的磷酸二氢钾混合液，每隔 7 ~ 10 天喷 1 次，共喷 2 ~ 3 次。采果后，喷 0.3% ~ 0.5% 尿素加 0.4% ~ 0.5% 磷酸二氢钾混合液，以增加树体营养积累。

（3）早施基肥：基肥以腐熟的农家肥为主，一般在秋季采果前后施入最为适宜。

施肥量：一般生长结果期树每株施肥 30 ~ 80 千克，盛果期树每株施肥 100 ~ 150 千克。基肥中掺入的速效氮磷肥用量依枣树大小而定。

施肥方法：一般采用沟施或撒施。沟施时，在树冠外围挖深、宽各 30 厘米左右的施肥沟，边施肥边填土，肥土混匀后踏实填平；地面撒施时，把肥料全部撒在树盘内，结合翻耕把肥料翻入土内即可。

（4）清园：枣树落叶后，要及时将枣园中的残枝、落叶、落地僵果以及采果后丢弃在院内的病果、病叶、病枝和杂草等清扫深埋或带出园外烧毁。

（5）浇封冻水：枣园秋翻地后，应在秋末根据土壤墒情，适量灌一次透水，提高根系和幼树的抗冻能力，以利枣树安全越冬。

2. 病虫害防治

枣树落叶后，可人工捕捉枣树上的蓑蛾、刺蛾等越冬害虫和虫卵。也可在树干和大枝基部，用涂白剂涂白，以消灭越冬的病菌和虫卵，并可预防冻害（涂白剂的配方比例是：生石灰 10 份、石硫合剂原液 2 份、食盐 1～2 份、黏土 2 份、水 36～40 份）。在枣树落叶后和发芽前各喷一次 3～5 波美度石硫合剂加 200 倍五氯酚钠溶液，可消灭越冬病菌和虫卵，减少来年的病虫危害。初冬时将粗皮、病斑刮掉，并烧毁或深埋，可消灭病菌和在粗皮裂缝中产卵或结茧越冬的害虫。

第四章

杏的栽培技术

杏（图 4-1）是我国北方的主要栽培果树之一，在春夏之交的果品市场上占有重要位置，深受人们的喜爱。杏树全身都是“宝”，用途广，经济价值高。果实成熟早，色泽鲜艳，汁多味甜，含有丰富的营养和多种维生素，是人们喜欢的水果。杏子可制成杏脯，杏酱等。杏仁主要用来榨油，也可制成食品，还有药用价值，有止咳、润肠之功效。杏仁是我国传统的出口商品，每年为国家换取大量外汇。杏木质地坚硬，是做家具的好材料；杏树枝条可作燃料，杏叶可作饲料。杏具有适应性广、抗旱性强、耐瘠薄、结果早、栽培易等特点，已成为我国北方山区果农脱贫致富的一项重要经济来源。

图 4-1　杏

一、优良品种

1. 金太阳杏

原产美国，果实较大，平均单果重 66 克左右，最大果重 88 克。果面金黄色，光洁美丽。果肉离核，细嫩多汁有香气，品质好，抗裂果，较耐贮。设施栽培 4 月中旬即可成熟。适应性和抗逆性强，自花结实力强，丰产。

2. 凯特杏

原产美国。果实近圆形，特大，平均单果重 106 克，最大果重 139 克。果皮橙黄色，阳面着红晕。果肉橙黄色，肉质细，汁液丰富，风味酸甜爽口，芳香味浓，品质上等。设施栽培 4 月下旬成熟。该品种树性强，幼树生长旺盛，扩冠成

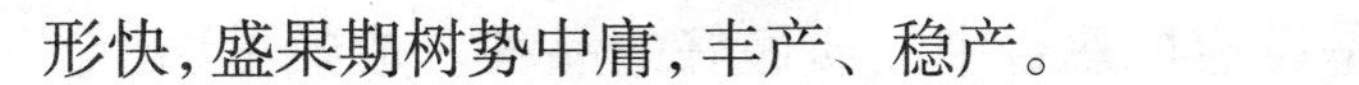

形快，盛果期树势中庸，丰产、稳产。

3. 红丰

我国育成的新品种，果实近圆形，果顶平，平均单果重60克左右，果实鲜红色，极美观。果肉橙黄色，肉质细，味香，风味浓甜，含可溶性固形物14.35%，离核，品质上等，自花结实率30%左右。丰产，特早熟，在山东省5月中下旬成熟。

4. 新世纪

我国育成的新品种。该品种生理特性和结果习性与红丰基本一致，平均单果重70克左右，比红丰稍大。果皮为粉红色，这是与红丰的主要区别。

5. 二花曹

果实短椭圆形至球形，稍扁，缝合线较明显。果较小，平均单果重35克，最大者可达61克。果皮、果肉均为黄色，阳面具片状红晕。汁液多，酸甜可口，有香气，品质中等，可溶性固形物含量10%～13%。

6. 金皇后

为杏李自然杂交种，6月中旬成熟。果实近圆形，果顶平，缝合线浅。平均单果重81克，果皮金黄色，光滑。果肉橙黄色，质细而致密，兼有杏李之风味，黏核。果实在室温下可放半个月不烂，为极耐贮运杏品种。较抗细菌性穿孔病和杏疔病。对土壤要求不严格。

7. 黄金杏

从意大利引进的系列品种中选出的新品种。果实中大，平均单果重50克，大小极整齐。果实椭圆形，两半部对称。果皮全面橙红色，着色均匀。果皮不易剥离，果面茸毛稀，光滑有光泽。果肉橙红色，汁液中等，肉质松脆，纤维少，风味酸甜适度，鲜食品质上。离核，核较大，苦仁。成熟期一致。采后常温下可贮存5～7天。

8. 试管红光1号

我国育成的新品种，平均单果重60克左右，最大果重70克。果面光洁，底黄色，着色早，着色面广，色彩艳红光亮。肉细，汁液多，味香甜可口，离核，含可溶性固形物15%，品质上等，自花授粉率高达3%。丰产，早熟，在山东省5月下旬成熟。

9. 早春香

果实个大。平均单果重75克左右，最大果重95克。品质极佳，味美多汁，有香气，经专家鉴定，一致认为是目前早熟杏中品质最好的品种。成熟早，比金太阳早熟10天左右，是一个特早熟优良大果型杏品种，适宜大力推广。

二、杏园建设

1. 园地选择

杏对环境条件的适应性强，既耐寒、耐旱，又耐高温、高湿，对土壤要求也不十分严格，山地、丘陵、平地、沙地都可成功种植。但以排水良好的疏松沙质土壤最好，且pH在6.5～8的中性或微碱性土壤为宜。此外，核果类（如桃、李、杏）的“再植病”问题较突出，新建杏园最好避开原核果迹地。

2. 选用壮苗

优质壮苗是保证成活率和丰产的关键。优质壮苗的标准是：苗高80厘米以上；嫁接口以上10厘米处直径超过1厘米，50～60厘米整形带内有饱满芽6个以上；根系完整无根瘤，骨干根4条以上、须根多；嫁接口愈合完好，砧木无大的机械损伤。

3. 苗木定植

实践证明，秋栽比春栽成活率高5%～10%，伤根当年能得到一定恢复，甚至长出部分新根。要求深挖坑、浅栽苗，根据定植密度挖宽、深各1米的定植穴或沟，在底部铺20厘米厚的秸秆、秧草或树叶，在表土层中掺入适量的有机肥和磷钾肥，混匀后填入坑底。栽植深度以浇过定植水后根茎交接处与地面持平为宜，定植后灌足水，然后覆土保墒，并用杂草覆盖树盘。

三、肥水管理

1. 科学施肥

杏树根系分布较深，对肥水条件要求高，山东省大部分杏园土壤贫瘠，有机质含量低，远远不能满足生产优质果实的要求。因此，科学施肥显得尤为重要。

每年9月末新梢停止生长后施足基肥，以有机肥如厩肥、鸡粪等为主，配合一定的速效肥。施肥量应根据树体大小及植株生长情况而定，通常每株施有机肥35～50千克（果树专用复合肥0.6千克）。萌芽前、果实硬核期和膨大期应进行追肥。萌芽前以速效氮肥为主，每株施尿素0.25～0.5千克。果实硬核期以速效氮肥为主，配合磷钾肥，每株可施磷酸二铵0.5～1.0千克。果实膨大期以钾肥为主，每株可施硫酸钾0.5千克左右。肥料应开沟施入，施后及时覆土。

杏树的施肥应重点抓住以下三个时期：

（1）幼树时期：常采用薄施勤施的施肥原则，以迅速扩大树冠并形成一定数量的花芽。在定植后发芽时，施第一次肥，以后每15～20天追肥1次，以尿素为主，结合磷、钾及有机肥施用。至7月初停止追肥，并适当控水，以利成花。10月初施基肥（以有机肥和磷肥为主）。第2年于2月下旬、4月中旬、6月下旬各施追肥一次，以氮肥配合磷钾肥施用，于10月初施基肥。

（2）杏园丰产时期：杏树结果早，丰产快，密植园第3年即可进入丰产期。每年施肥3次即可。第1次施春肥（2月中下旬），以速效肥为主，钾肥全部施入，结合有机肥施用。施肥量占全年总量的20%左右。可亩施尿素10千克、硫酸钾15千克、有机肥（人畜粪水）2 000千克。此次施肥利于开花坐果和促进果实膨大。第2次施夏肥（6月下旬），此时为根系生长的第2次高峰，果实刚好采收，施肥以速效氮肥为主，以补充因结果而消耗的营养，增加养分积累，以利于花芽分化，为来年丰产打下基础。施肥量占全年的30%左右，可亩施尿素20千克、过磷酸钙20千克、有机肥3 000千克。第3次施秋肥（9月下旬），结合扩穴改土一并施用，基肥应适当早施，以利于根系当年吸收利用，对花芽继续分化以及第2年开花、坐果及新梢生长都十分有利。基肥以有机肥为主，配合磷肥，施用量占全年总量的50%左右，可亩施有机肥4 000～5 000千克、过磷酸钙50千克。

（3）果实收获后：追施一次以氮肥为主的氮、磷、钾复合肥，主要作用是补充杏树因大量结果而消耗掉的营养，恢复树势，增加树体贮藏养分。

另外，整个生长季，可根据主要生长物候期进行叶面追肥，喷洒尿素、磷酸二氢钾、氨基酸复合微肥、稀土微肥等。

2. 灌溉和排水

保证杏树各生育期水分的充足供应是生产优质杏果的重要条件。我国北方多春旱，所以杏园灌溉主要在春季和初夏。重点应在以下几个生育期土壤水分不足时进行灌水。

（1）萌芽前：结合施春肥灌水，可保证开花和坐果及新梢生长的需要，此次灌水量宜大。

（2）硬核期（谢花后1个月左右）：此时需水量较大，又正值北方春旱高峰，故应注意浇水。

（3）采果后：可结合施肥一并进行，以利于枝叶生长和花芽分化。另外在

4~8月用作物秸秆和杂草覆盖树盘和行间，有利于保持水分，并增加土壤肥力。

杏不耐水涝，应注意雨季排水，尤其是7~8月花芽分化期更应及时排水，保持适当干旱，以利于花芽分化。

3. 扩穴改土及行间利用

杏是深根性果树，通过土壤扩穴改土，可培肥地力，疏松土壤，引导根系向深层发展，增加对土壤养分的吸收力，是获得优质高产的重要措施。扩穴改土应在定植第2年秋季（9~10月）结合施基肥一并进行，从定植穴或定植沟逐年向外扩翻（未挖定植穴或沟的，应从主干30~40厘米外开始扩穴），深60~80厘米，宽30~40厘米，长不限，并分层压入作物秸秆及杂草和有机肥及磷肥等，将园内覆盖物也一并压入。

果园行间前期可间作绿肥或豆科作物，于5~6月割下覆盖树盘，在9~10月扩穴时一并压入园中。进入丰产期，行间不宜间作其他作物，行间杂草于5~6月和9~10月分两次用除草剂清除。

四、整形修剪技术

杏为喜光果树，结果早，前期生长快，合理的整形修剪是获得优质高产的重要措施。

1. 整形

杏喜光照，须采用通风透光好的树形，整形修剪可使树体、枝条坚实、结构合理，能够充分接受和利用光能，生长旺盛，而且能使树体早结果、早丰产，果实品质好，树体的经济寿命长。目前，在生产上普遍采用的树形有以下几种。

（1）自然圆头形：自然圆头形（图4-2）是顺应杏树生长的习性，人为地随树势稍加修饰而成的。该树形没有明显的中央领导干，在主干上着生5~6个主枝，其中1个主枝向上延伸到树冠内部，其他几个主枝斜向上插空错开排列，各主枝上每间隔40~50厘米留1个侧枝，侧枝上下左右分布均匀成自然状。这种树形修剪量小，定植后3~4年即能成形，结果早，容易管理，骨干枝下部容易光秃。

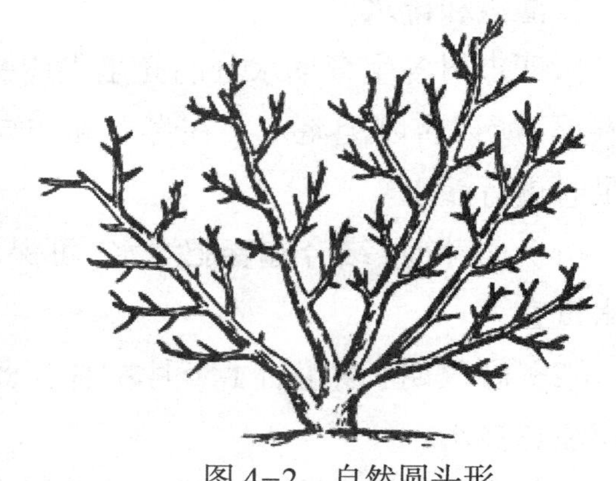
图4-2　自然圆头形

（2）疏散分层形：疏散分层形（图4–3）适用于干性比较强的品种，株行距比较大，土层深厚的地方采用。这种树形有明显的中央领导干；6～8个主枝分层着生在中央领导干上，第1层有3～4个主枝，第2层2～3个主枝，第3层1～2个主枝。层与层之间的距离为60～80厘米，层内主枝间上下距离20～30厘米。各主枝上着生侧枝，侧枝前后距离40～60厘米。在侧枝上生成短果枝和结果枝组。这种树形树冠高大，主干明显，主枝分层着生，采光好，内膛不容易空虚，枝量大，果实产量高，品质好，树体的经济寿命长。但整形时间长，成形稍晚，控制不好容易造成上强下弱、骨干枝提早衰落。

图4–3　疏散分层形

（3）自然开心形：该形适于条件稍差的山地密植杏园。这种树形没有中心干，主干高度50厘米左右；由主干上着生3～4个均匀错开的主枝，主枝的基角45°～50°。在每个主枝上着生若干侧枝，沿主枝左右排开，侧枝的前后距离50厘米左右。侧枝上着生短果枝和结果枝组。自然开心形树体小，主枝开张，通风透光性好，结果枝牢固而充实，寿命稍长，果实品质也好。

（4）“V”字形：该树形适合3米×1米（亩栽222株）的密植园。结果早、整形易、丰产、稳产。具体整形方法：定植当年主干留35～40厘米，短截定干，等春季新梢长30厘米时，选留伸向行间、生长旺盛并对称生长的两个分枝为主枝，斜插两根竹竿将其固定，使两主枝呈90°夹角。另选留3～4个新梢作辅养枝（将余下新梢抹去），于6月再对辅养枝摘心扭梢使之形成花芽，对主枝50厘米时摘心促发分枝并选一旺枝作主枝延长枝（将其缚于主枝枝柱上）。第1年冬剪时对主枝延长枝短剪，促发侧枝，并选旺枝作延长枝扩大树冠，2年即可成形。

2. 修剪

（1）幼树的修剪：幼树的生长特征是，经定植缓苗后即开始强烈生长，极易形成几条强枝。常常在主枝的背上或主枝拐弯部位，萌发出直立向上的竞争枝，有时还能超过主枝，如疏于修剪控制，就会发展成为“树中树”。

幼树修剪的主要任务是整形。定植后的杏树应主要放在根据设想的树形配置主枝，保持主枝具有较强的生长势，同时控制其他枝条的生长。以后的 2～3 年，年年要不断扩大树冠，短截主侧枝的延长枝，剪截量要根据品种、发枝力强弱、枝条长短和生长势确定。一般情况下，强枝轻剪，弱枝重剪，以剪去原枝条的 1/3～2/5 为宜。对于一部分干扰骨干枝生长的非骨干枝，如无利用前途，应该及早疏除。凡是位置合适能弥补空档的枝条，应缓放或轻短截，以促其分枝，培养成结果枝条。

幼树的修剪虽然是以整形为主，但杏园实现早期丰产才是主要目的。所以既要有良好的树形结构，还要具备足够的枝条，促使早丰产。所以幼树期间的修剪宜轻不宜重。有时为了达到某种树形，过分追求骨干枝的位置，疏去较多的枝条，对早期丰产是不利的。为解决这个问题，夏季修剪特别重要，拉技和及时抹芽能用的枝条，促其早结果。

（2）结果初期的修剪：杏树一般定植后 3 年就能开花结果，要达到单株商品产量还需再过 2 年左右的时间。这期间经过整形修剪的幼树，仍然保持着很强的生长势，营养生长大于生殖生长。

此期修剪目的：一是保持必要的树形，所以有人把它叫做剪；二是不断扩大树冠；三是培养尽可能多的结果枝组。

为此，修剪时要注意以下四个方面：①剪截各级主、侧枝，留饱满外芽，继续向外延长，以便得到不小于 55 厘米的长枝。②疏除骨干枝上直立的枝、密生枝及影响光照的交叉枝。③短截部分非骨干枝和中庸的徒长枝，促使分枝成为结果枝组。④对于树冠内部新萌发出的较为旺盛、方向和位置合适的徒长枝，要缓放。

（3）盛果期的修剪：经过整形修剪和护理剪之后，树体大小、树形结构、各类枝条的组成比例都已形成，果实的产量年年上升，表明进入了盛果期。盛果期的前期，树体开始大量结果，枝条的生长量明显减少，生殖生长大于营养生长；到了中、后期，结果部位开始外移，树冠下部枝条开始光秃，果实产量下降，容易形成周期性结果。

盛果期应在加强肥水管理的基础上，通过合理的修剪来维持比较旺盛的树势，调整结果和生长的关系，延长盛果期的年限，实现丰产和稳产。此期的修剪要注意以下几个方面：

①为了不断地增加新枝，以求获得稳定的产量，须对各级主、侧延长枝和其他骨干枝进行短截，剪截时应该控制在原枝的 1/3～1/2。

②疏除树冠中、下部极弱的短果枝和枯枝，留下强枝，对留下来的长果枝也需适当短截。

③疏除树冠中、上部的过密枝、交叉枝、重叠枝，以增加树膛内的光照。

④更新一部分结果枝组。对于连续几年结果而又表现出极为衰弱的枝组，可以回缩到延长枝的基部或多年生枝的分枝部位，促使基部枝条旺盛生长，形成新的结果枝组。

⑤盛果期后期，由于果实的重压，常使主枝角度过分开张或下垂，在主枝背上萌发直立的徒长枝。应根据生长势强弱，在枝条生长到 40 ~ 50 厘米时，进行夏季摘心，次年即可形成分枝；或在冬季修剪时短截，培养成结果枝组。树冠外围发生下垂枝，一般可回缩到一个向上生长的分枝处，以抬高角度。

（4）衰老期的修剪：当骨干枝进一步衰老，延长枝条生长量不足 35 厘米，中、小枝组大量衰亡，大枝组生长衰弱，树冠内出现不同程度的光秃，产量明显下降时，表明树体已进入衰老期。

此期的修剪任务是：利用重剪、回缩，更新骨干枝，利用内膛徒长枝更新树冠，维持树势，保持一定的产量。衰老期修剪的主要任务是复壮更新和重新培养结果枝组，所以，又叫做复壮修剪。复壮修剪的操作分为两步进行。

第一步，主要是回缩，回缩的轻重程度要根据树龄、树势、管理水平等因素确定。复壮修剪要逐步进行，一般分为 2 ~ 3 年完成。首先去掉树冠内多余的、分布不合理的、有病虫害的和受损伤的枝条，使树势有所恢复；然后回缩衰弱的多年生枝，一般回缩到 3 ~ 4 年生枝，甚至 5 ~ 6 年的枝条基部。如果树体不很衰老，又有良好的生长条件，回缩修剪就要加重，依赖生命力强的枝条尽快恢复树势，并与结果修剪配合进行，以提高生产力。回缩宜在早春进行，以利于伤口的愈合和潜伏芽的萌发。不论进行何种复壮修剪，都必须伴随施肥和灌溉。

第二步，对回缩以后萌发出来的新枝进行有针对性的修剪，即整形修剪和护理剪。这样经过 2 ~ 3 年，就能恢复到有经济价值的产量。

五、花果管理

1. 影响杏树坐果的因素

（1）授粉树配置因素：我国目前大多数杏树品种自花不结实，而部分农民发展杏树时恰恰忽略这一种重要现象。建园时，栽植单一品种或授粉树配置不当，往往是花而不实，低产或连年无收。调查中发现，相当一部分农民在杏树建园时，只注意新品种的引进发展，对授粉树的配置不懂或重视不够。有些虽配置授粉树，但授粉树数量过小，仅占总量的 1%～3%，且栽植的方式又不科学，不能较好地授粉，直接导致杏树开花多，坐果少，产量低。

（2）肥水因素：足量的无机和有机肥料供应是杏树丰产的基础。目前，大部分杏园不仅磷、钾和其他微量元素严重缺乏，氮素肥也远远不能满足杏树生长结果的需要。有的杏树甚至多年不施肥，造成营养缺乏、生长衰弱，体内有机物含量极低，生理机能不高，不能够正常开花结果，出现了花芽多、花量大、坐果少的状况。

杏树比较抗旱，一般情况下不需浇水，但在干旱状态下不及时浇水，会造成严重的落花和生理落果。

（3）修剪因素：杏树为喜光树种，只有在光照充足的条件下，才能生长结果良好。有些杏树处于放任状态，不进行修剪，有些修剪不当，造成枝条徒长，树冠郁闭，使退化花增多，影响了坐果。还有些杏树修剪时留枝不合理，枝条的空间、剪留长度不妥等也造成了落花落果。

（4）气候因素：杏树树体虽然耐寒，但花和幼果常会因遭晚霜危害造成减产，甚至绝收。这是造成“杏树满树花，果实稀拉拉”的最主要原因。冻害的程度与低温的强弱、持续时间的长短有关，杏树的花和幼果受冻害的临界温度为初花期 −3.9℃、盛花期 −2.2℃、幼果期 −0.6℃。因此，花期避冻和防冻已是部分地区发展杏树生产、提高产量、增加收益需要采取的重要措施。

2. 提高杏树果实品质的方法

（1）控冠促花：杏树幼树期生长旺，应合理调控营养生长与生殖生长，促进花芽分化，使之早结果早丰产，在进入丰产期后应控制树冠扩大，延长丰产期。所以，在定植第 2 年要促花。常用方法是：6 月下旬、7 月中旬各喷 200～300 倍液的 15% 多效唑 1 次，并在 6 月、7 月开沟排水，使田间土壤保持适度干旱，均有利于花芽分化。进入丰产期后，为了控制树冠生长，应结合保果，于 4 月底、5 月初喷 2 次 300 倍液的 15% 多效唑或 200 倍液 PBO。

（2）减少败育花：花前 1 个月，每隔 10 天对树冠喷洒两遍 1% 的尿素或 20 毫克／千克的赤霉素，可弥补树体营养不足，减少败育花率。花期喷洒 0.2% 的硼砂和 0.2% 的尿素 1～3 次，花期放蜂或进行 2～3 次人工授粉，均有利于提高坐果率。5 月中旬，对辅养枝环剥，能提高坐果率。花蕾露红期，适当疏除多年生枝上的花束状枝，可增加结果量。

（3）保花保果：

①配植授粉树并在花期放蜂。

②人工授粉，效果很好，尤其是冬季温暖的年份，败育花多，更应进行人工授粉，以提高坐果率，确保丰产。

③花期喷水，于盛花期喷清水，使柱头保持湿润，可显著提高坐果率，可于水中加入 0.1% 的硼砂和 0.1% 的尿素。

④应用植物生长调节剂保果，盛花期喷 20 毫克 / 千克赤霉素，可提高当年坐果率。4 月底喷 300 倍液 15% 多效唑可控制旺长，减少落果。10 月中旬喷 50 毫克 / 千克赤霉素，可提高第 2 年坐果率。

（4）疏花疏果

杏树坐果过多会产生大量小果，降低果实品质，容易形成大小年现象。合理疏花疏果有助于果实的生长发育、增大果个和提高品质，防止隔年结果，调节生长和结果的矛盾。杏树不完全花比例高，一般不用疏花，而采取疏果来控制产量。疏果在落花半个月即第一次生理落果稳定后进行（此时幼果直径在 1.0 ~ 1.5 厘米）。疏果时先疏除病虫果、畸形果和小型果，摘除过密果，使留下的果均匀分布于树上，强旺树多留，弱树少留。掌握在每 5 ~ 8 厘米枝梢留果 1 个的密度，每亩产量控制在 2 000 千克左右。

（5）防止裂果：杏树由于果实成熟期雨水较多，极易引起裂果。为了防止裂果，在选择不易裂果品种的同时，还应采取其他相应的措施，如春季增施钾肥，果实成熟期叶面喷施 0.2% 磷酸二氢钾或 0.2% 硫酸钾，在生长期加强排水工作，以及果实套袋等。

六、采收与包装

用于鲜食远运或用作加工罐头、杏脯的果实，应在八成熟时采收。供应当地或邻近地区市场时应在完全成熟时采收。用于加工杏干、杏酱、果汁、蜜饯的果实，应在充分成熟、果肉未软化时采收。包装时用小包装，一般 5 千克左右。贮藏时温度 0℃左右，相对湿度 90% 左右。

七、病虫害防治

1. 常见虫害

杏树的主要虫害有杏仁蜂、桃小食心虫、桃粉蚜、桃瘤蚜、介壳虫、红蜘蛛和桃蛀螟等。应根据各种虫害的发生情况和活动规律，在搞好科学管理、培养健壮树势、增强抵御病虫能力的基础上，采取人工防治、生物防治和化学防治相结合的综合防治措施，控制和减少病虫危害。

主要防治措施有：在休眠期清理田间落叶、落果，结合修剪，去掉枯枝和病虫枝，刮除老树皮，树干涂白，消灭越冬害虫和病菌；在花芽萌动前，全园喷3～5波美度的石硫合剂，展叶时喷1∶1.5∶200波尔多液；花前喷2 000倍敌杀死，防金龟子和杏仁蜂等；同时应经常检查树干，防治天牛、小吉丁虫和小木蠹蛾等，在杏果生长期间及时喷洒溴氰菊酯、桃小灵和杀螨类药剂等农药，以防桃小食心虫、杏毛虫、蚜虫、红蜘蛛等。

2. 常见病害

（1）杏疔病：

①主要症状。主要危害新梢和叶片，也危害花及果实。新梢发病后生长缓慢，节间短粗，叶片簇生，病梢初为暗红色，以后变为黄绿色，上有黄褐色小粒点。叶片被害后变黄变褐，增厚，革质，正反面有褐色小粒点，潮湿时有橘红色黏液产生。花受害后萼片肥大，不易开放，花萼及花瓣不易脱落。果实受害后有黄色病斑，小粒点，后期干缩脱落或挂在树上。

②发病规律。在病叶中越冬，春季借空气传播侵染。发生期较集中，多在春梢长至10～20厘米时。

③防治措施：结合冬剪，剪除病梢、病叶，清除地上落叶、病枝，集中处理。春季芽萌动前，喷5波美度石硫合剂；展叶后喷0.3波美度石硫合剂或1～2次1∶1.5∶200波尔多液。

（2）杏细菌性穿孔病：

①主要症状。主要危害叶片、果实和枝条。叶片受害初呈水浸状小斑点，后扩大为圆形、不规则形病斑，呈褐色或深褐色，病斑周围有黄色晕圈。以后病斑周围产生裂纹病斑，脱落形成穿孔。果实上病斑暗紫凹陷，周缘水浸状。潮湿时，病斑上产生黄白色黏分泌物。枝条发病分春季溃疡和夏季溃疡。春季溃疡发生在上一年长出的新梢上，春季发新叶时产生暗褐小疱疹，有时可造成梢枯。夏季溃疡于夏末在当年生新梢上产生，开始形成暗紫色水浸状斑点，以后病斑呈椭圆形或圆形，稍凹陷，边缘水浸状，溃疡扩展慢。

②发病规律。由细菌引起。春季枝条溃疡是主要初侵染源，病菌借风雨和昆虫传播。叶片通常5月间发病，夏季干旱病情发展缓慢，秋天雨季又可侵染。

此病在温暖、降雨频繁或多雾季节发生，品种之间抗性差异大。

③防治措施。加强果园管理，增强树势。多施有机肥，合理使用化肥，合理修剪，适当灌溉，及时排水。休眠期清扫落叶、落果，剪除病枝，集中处理。新建果园要选择好品种、地势和土壤。药剂防治。发芽前用1∶1∶120的波尔多液或4～5波美度石硫合剂，展叶后叶喷0.3～0.4波美度石硫合剂。5～6月喷硫酸锌石灰液1∶4∶240，用前最好做试验，以防药害；也可用65%代森锌可湿性粉剂500倍液。

（3）杏褐腐病：

①主要症状。危害花、叶、枝梢及果实，果实受害最重。果实自幼果至成熟均可受害，接近成熟和成熟、贮运期受害最重。最初形成圆形小褐斑，迅速扩展至全果。果肉深褐色、湿腐，病部表面出现不规则的灰褐霉丛。以后病果失水形成褐色至黑色僵果。花器受害变褐枯萎，潮湿时表面生出灰霉。嫩叶受害自叶缘开始，病叶变褐萎垂。枝梢受害形成溃疡斑，呈长圆形，中央稍凹陷，灰褐，边缘紫褐色，常发生流胶，天气潮湿时，病斑上也可产生灰霉。

②发病规律。病菌主要在僵果和病枝上越冬，次年春天产生大量孢子，借风雨传播，也可虫传，贮运期病果健果直接接触也可传染。开花及幼果期如遇低温多雨，果实成熟期温暖、多云、多雾、高湿度的环境发病重。

③防治措施。结合冬剪剪除病枝病果，清扫落叶落果集中处理。田间及时防治害虫。芽前喷布1～3波美度石硫合剂。春季多雨和潮湿时花期前后，用50%速克灵1 000倍液；或苯来特2 500倍液，或甲基托布津1 000倍液，65%可湿性代森锌500倍液喷洒防治。采前用上述药剂或百菌清800倍液。果实采收、贮运时尽量避免碰伤。

（4）杏流胶病

①主要症状。主要危害枝干和果实。枝干受侵染后皮层呈疣状突起，或环绕皮孔出现直径1～2厘米的凹陷病斑，从皮孔中渗出流胶液。胶先为淡黄色透明，树脂凝结渐变红褐色。以后皮层及木质部变褐腐朽，其他杂菌开始侵染。枯死的枝干上有时可见黑色粒点。果实受害后也会流胶。果实受害多在近成熟期发病，初为褐色腐烂状，逐渐密生黑色粒点，天气潮湿时有孢子角溢出。

②发病规律。病菌主要在枝干越冬，雨水冲溅传播。病菌可从皮孔或伤口侵入，日灼、虫害、冻伤、缺肥、潮湿等均可促进该病的发生。

③防治措施。加强栽培管理，增强树势，提高树体抗性。及时防虫，树干涂

白减少树体伤口。休眠期刮除病斑后涂赤霉素402的100倍液或5波美度石硫合剂进行保护。生长季节结合其他病害的防治，用75%百菌清800倍液、甲基托布津可湿性粉剂1 000倍液、异菌脲可湿性粉剂1 500倍液、腐霉利可湿性粉剂1 500倍液喷布树体。

（5）杏疮痂病：

①主要症状。危害叶片和枝梢等，以果实受害为主。果实发病产生暗绿色圆形小斑点，果实近成熟时变成紫黑色或黑色。病斑侵染仅限于表层，随着果实生长，病果发生龟裂。枝梢被害呈现长圆形褐色病斑，以后病斑隆起，常产生流胶。病部与健部组织界限清楚，病菌仅限于表层侵染。次年春季，病斑变灰并产生黑色小粒点。叶片发病在叶背出现不规则形或多角形灰绿色病斑，以后病部转褐色或紫红色，最后病斑干枯脱落，形成穿孔。

②发病规律。病菌在病枝梢越冬，次春孢子经风雨传播侵染。病菌的潜育期很长，一般无再侵染。多雨潮湿利于病害的发生。春季和初夏降雨是影响疮痂病发生的重要条件。不同品种感病强弱不同，一般中晚熟品种易感病，山东原产的“红玉”品种最不抗杏疮痂病。

③防治措施。芽前喷布3~5波美度石硫合剂或500倍五氯酚钠。花后喷0.2~0.4波美度石硫合剂，0.5∶1∶100硫酸锌石灰液及65%代森锌600~800倍液。生长后期结合其他病害的防治喷病果70%百菌清600倍液，或70%甲基托布津可湿性粉剂1 000倍液。结合冬剪剪除病枝，集中处理。合理修剪，防止树体郁闭。加强栽培管理，提高树体抗性。

（6）杏树颈腐病：

①主要症状。杏树感染颈腐病后，病部皮层变褐色并腐烂，下陷呈绞缢状，病部无异味，在病部相对应的地上部，枝干表现发芽迟、生长弱，如不及时治疗，叶片将萎蔫、干枯以至植株死亡。

②发病规律。杏颈腐病一般易发生在土质黏重、土壤排水不良或由于间作蔬菜灌水过多，以及杂草丛生管理粗放的果园。主干颈部有伤口或嫁接口较低埋入土中，也容易感染此病。

③防治措施。春季和夏季降雨多的沙壤土，如果新建的杏园前茬为菜地，可在定植前先挖好定植穴，用硫酸铜灌穴消毒来灭菌，每穴10~15千克。定植时嫁接口应高于地面10~15厘米。及时整修杏园的排水系统，以保证雨季果园内不积水。春季土壤解冻后要立即把根颈部位的土壤扒开，晾晒根颈，并仔细

检查根的皮层，发现病斑及时刮除，再在伤口上涂抹25%瑞毒霉50～100倍或40%乙磷铝30～50倍液，每隔7～15天涂抹一次，一般2～3次即有效。刮除的有病树皮要清理干净，带出园外烧毁。冬季土壤封冻前，再把扒开的土堆放在根颈部防冻。对于病害严重的果园，可用25%瑞毒霉800～1 000倍液或40%乙磷铝300倍液，每株按45～50千克灌根部。为防病菌的扩大蔓延，尚未感病的树也应灌根、浇树。如已死的树要及时挖掉，并用40%的乙磷铝30～50倍液灌穴消毒，并晾晒土壤，再经过土壤检验，确定无病菌时才能重新建新园。

第五章 葡萄栽培技术

葡萄（图 5-1）在临沂地区有较多栽培。

图 5-1　葡萄

一、品种的选择

1. 夏黑

欧美种，最早从日本引入，早熟品种，无核，在临沂 6 月下旬至 7 月上中旬上市。紫黑色，穗大，果粒紧凑，单穗重 700 ~ 800 克，最大穗重 1 500 克。果粒 3 ~ 3.5 克，处理后达 8 ~ 9 克，最大 13 克以上。果肉硬脆，味甜，口感好，含糖 20 度左右，是葡萄中含糖较高的一种。单季亩产 1 500 千克，二次果亩产 750 千克，全年两季亩产可达 2 250 千克。夏黑在市场上销路很好，目前零售价约 16 元 / 千克，经济效益好，如果实现高水平管理，每年每亩纯收入可达万元。

2. 圣诞玫瑰

欧美种，中晚熟品种，8 月下旬至 9 月成熟。紫红色，果粒中等，单粒重 5

克左右，有核，经无核化处理后无核。一般穗重 500 ~ 600 克，最大达 2 500 克，果粒紧凑美观，口感佳，果肉脆甜，含糖 18 度左右，亩产 1 500 千克。

3. 藤稔

欧美杂交种，早中熟品种，7 月中旬成熟。紫红色，果粒大，一般重 13 克以上，最大的可超过 20 克，有核。果粒圆形紧凑，单穗重 500 克左右，味甜，肉质肥厚，含糖量 16 ~ 18 度，口感好，亩产 1 500 千克。

4. 巨锋

巨锋系的葡萄品种繁多，各地引种的品系不同，性状也有区别。如原始巨锋 1937 年由日本人育成，早生高墨、藤稔等都是以后从巨锋中选出或杂交育成。

此外，还有其他品种，如白香蕉、京亚、京优等。

二、苗木繁育

葡萄苗木的繁育在生产上一般都采用无性繁育。常用的方法有两种：一种是扦插育苗，一种是嫁接育苗。

1. 扦插育苗

扦插育苗是一种便捷、快速的育苗方式，它的优点是能保持品种的各种特性不会改变，生产上又简单易行，能在短时间内大量生产，满足生产上的需求。

葡萄的扦插分为硬枝扦插和绿枝扦插。硬枝扦插一般在早春进行，绿枝扦插于生长期进行。

（1）硬枝扦插：冬剪时选择粗壮、无病虫害的枝条，用湿沙保存起来，早春扦插时剪成每根长 15 厘米左右、有 2 ~ 4 个芽的枝条，在 3 ~ 5 波美度石硫合剂溶液中浸泡 3 分钟取出后滤干。苗圃地要选择肥沃的沙土，施足经沤制的腐熟有机肥后整成厢，每厢宽 1.0 ~ 1.2 米，用石硫合剂等消毒剂对土壤进行消毒后，用黑色地膜覆盖，早春 2 ~ 3 月按 20 厘米 ×30 厘米的规格进行扦插。4 月新梢长出后每株留单梢，其余摘除，4 片叶时摘顶，留上部两个梢，二次梢 4 片叶摘顶，三次梢长出后，每一根二次梢只留一个三次梢让其生长，其余抹除，三次梢 4 片叶后摘顶，如果再有新梢长出，依此法处置。每次一般都留顶部的枝梢。

在苗木管理中还应注意加强病虫害的防治和追施肥料，搞好排水和灌溉，及时除掉杂草。

（2）绿枝扦插：选用当年生的半木质化新梢扦插培养苗木的方法就叫绿枝

扦插。为了能保证当年出圃健壮苗木，最好用营养袋育苗，并在大棚中进行。育苗中注意做好以下几个关键环节的工作。

为了提早季节，在葡萄生产园选取健壮新梢，摘除花序，当新梢长到约 6 片叶时摘心，半木质化时剪下，每枝留二芽或单芽，下部叶剪除，上部叶留三分之一叶片。然后，捆成小捆用 300 毫克 / 升生根粉浸泡 1 小时左右。滤干水后插入装有基质并经过消毒的营养袋中，用小拱棚覆盖，大棚上用棚膜覆盖后，再盖上遮阳网。扦插后注意拱棚内的湿度，如出现缺水，则要及时地洒水保湿，同时要注意大棚内的温度控制在 25℃左右，最高不能超过 30℃，温度过高时，要掀开大棚两边膜降温。15 天以后，新芽开始萌发，新根开始长出，早晚要掀开遮阳网透光。随着苗木生长加快，透光的时间也要延长，以便苗木加强光合作用，最后进入常规管理。

2. 嫁接育苗

像藤稔等生长中庸的品种以及防止某些根部病虫害（如根瘤线虫等），则可采用嫁接育苗。一般选用巨锋、SO4、华佳 8 号、早生高墨等作砧木。头一年把砧木培养好，第 2 年采用绿枝嫁接的方法进行嫁接，培育嫁接苗。

三、园地选择和整地

葡萄对环境具有较强的适应性，但好的立地条件更能获得好的品质、产量及经济效益，因此要选择条件较好的地方建园。从目前葡萄栽培的土壤来看，有的种植在沿河冲积土的稻田里，有的种植在肥沃的黑色水稻土里，有的种植在丘陵地带的红壤中。从几种土壤种植经验看，都取得了较好的收成和经济效益。但按排序来看，最好的数沿河冲积形成的沙壤土，其次是肥沃的水稻土，如肥水条件较好，丘陵红壤也能获得高品质、高产量和高效益。因此，葡萄应选择肥沃的沙壤土、壤土、水稻土和坡度较平缓的丘陵土。

水稻土种植葡萄的整地方式是：首先施足基肥，将每亩 5 000 千克左右的有机肥均匀地施在土壤中，全垦，起垄，按当地葡萄目前种植规格 1 米 ×2.2 米要求，每垄包括沟宽 2.2 米。丘陵坡地中则要采取撩壕整地方式，按每行 2.2 米宽的要求撩壕，壕宽、深各 60 厘米，将优质有机肥拌在挖出来的松土中回填后起垄。如果在红壤中建园，则每亩增施 100 ~ 150 千克石灰，并增施每亩 100 千克过磷酸钙或钙镁磷肥。

四、定植

定植时间为早春 1～3 月。每垄种 1 行，1 米种 1 株，每亩 300 株。定植深度 20 厘米左右。定植前苗木用 3～5 波美度石硫合剂或 0.1% 的硫酸铜溶液浸泡 3～5 分钟给苗木消毒，如果是经过远距离运输的苗木则要用清水浸泡 12 小时左右，让其充分吸收水分，现挖现栽或近距离运输的苗木则不需浸泡。栽植后如土壤较干，要浇足定根水。

五、肥水管理

1. 水分管理

管理水平较高的葡萄园多采用滴灌或喷灌，便于在葡萄园需水时可随时进行灌溉。

雨季积水时应注意排水。

2. 施肥管理

葡萄的施肥可分为基肥、追肥和叶面施肥。

（1）基肥：每年可施 1～2 次，采用一次基肥的可于葡萄采后的 9～10 月施入，采用两次基肥的可在春季 2 月左右增施一次。施基肥时结合整地对全园土壤进行一次深翻，将腐熟的优质有机肥混合施入。每亩用肥量要根据肥料的种类确定，如用优质饼肥，每亩用量 300 千克，其他肥料 3 000～5 000 千克，同时还要加入过磷酸钙或钙镁磷肥 100 千克。

（2）追肥：每年可进行 3 次，第 1 次促芽肥，2～3 月施入；第 2 次保果肥，5 月中旬施入；第 3 次壮果肥，早熟品种 6 月上旬施入，中晚熟品种 6 月下旬或 7 月施入。第 1 次、第 2 次用三元复合肥每次每亩 50 千克，开沟均匀施入；第 3 次每亩用硫酸钾或硝酸钾 30 千克加尿素 15 千克施入，有滴灌设施的最好把肥料溶入储水池中，随灌溉一起施入土中。为了使葡萄能够保证第一年就获得较好的产量，新栽的幼苗要采取特殊的施肥措施，即苗长出来以后，实行勤施、薄施的办法，每隔 7～10 天施肥一次，可用腐熟人粪尿 1 份加水 2 份，再加少量尿素（或复合肥）浇施，大面积种植的可用腐熟的饼肥加水加化肥一起浇施，有滴灌设施的每次灌溉时都要加入少量化肥。通过上述施肥措施，幼苗快速生长，并可赶在当年 6 月诱导葡萄开花结果。

（3）叶面施肥：多用磷酸二氢钾按 0.3% 的浓度均匀地喷在叶片上即可。

六、整形修剪及支架架设

1. 整形修剪

（1）幼树的整形修剪：葡萄是藤本植物，如任其生长，会快速地延长生长成藤蔓状，因而要采取多次摘心的方法，促使叶片变大，枝干变粗，芽口饱满，枝条成熟。方法是，新种的幼苗一次梢只留一个梢，长到 3 ~ 4 叶时摘心，二次梢留两个梢 3 ~ 4 叶时摘心，三次梢留 4 个梢 3 ~ 4 叶时摘心，其余夏梢全部抹除或留一叶摘心。二次果开花诱导的办法是，赶在六月份，对枝条进行回缩短剪到有饱满成熟冬芽处，同时抹去所有夏芽，除去所有的生长点，逼剪口下的冬芽同时萌发，冬芽萌发的新枝条上有 1 ~ 2 个花序。

（2）结果树的整形修剪：

①春天新梢萌发后，要进行疏枝抹芽，按每米留 8 个新梢（每边 4 个梢）的标准选择粗壮、健康、位置适宜的枝梢留下，其余的全部抹除。当新梢长到 20 ~ 30 厘米时将新梢向两边铁丝上引缚，梢与梢之间间隔 25 厘米。当新梢长到第一花序以上有 4 ~ 6 片叶时及时摘心，促进叶片迅速增大。新长出的二次梢，除留顶部的两个梢外，以下的新梢全部抹除或留一叶摘心。再长出的梢，顶部梢长到 4 叶时摘心，其余梢全部抹除或留一叶摘心，以后再有新梢，均按此法反复进行。

②冬剪分短梢、中梢和长梢修剪，夏黑、圣诞王子、藤稔、京亚、巨锋等品种适宜中梢修剪，即每枝留 4 ~ 6 个芽。每亩留 6 000 ~ 8 000 个芽，每株留 4 ~ 6 条结果母枝。冬剪时期为年前 12 月至次年 2 月。

2. “V” 形架的架设

“V” 形架是一种葡萄新架式，是双十字 “V” 形架逐步演变成现在的三 “十” 字 “V” 形架。三 “十” 字 “V” 形架由间隔 3 ~ 4 米的水泥支柱，支柱上架 3 根横梁，横梁和支柱上牵 7 道铁丝组成。3 根横梁长由下往上分别为 50 厘米、80 厘米、100 厘米，支柱用 10 厘米 ×10 厘米 ×260 厘米的水泥柱。

架设方法是：沿葡萄的栽植方向每 3 ~ 4 米立支柱一根，两端的支柱埋成向外倾斜的方式或虽埋成垂直但另用一根由里向外斜的水泥支柱支撑着，以免受力时向内倾斜。水泥柱埋 50 厘米深。埋好支柱后在离地 1.0 米、1.3 米、1.6 米处架上横梁，方向与种植行垂直。横梁绑好后，在横梁两端和水泥柱上拉 7 道铁丝。首先在水泥柱离地 70 厘米处拉一道铁丝，再在三根横梁的两端共拉 6 道铁

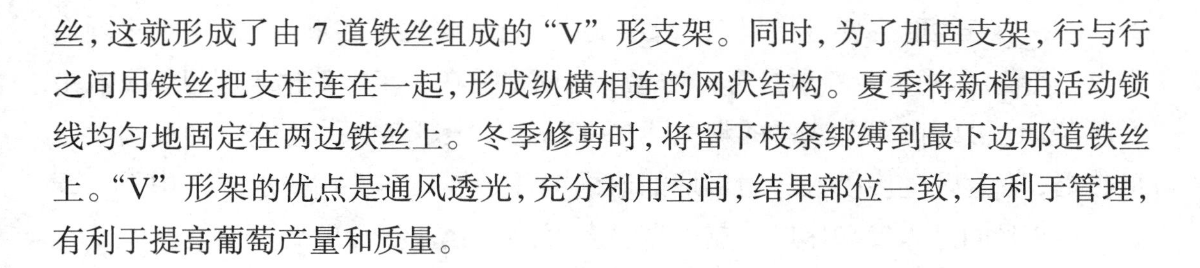

丝，这就形成了由 7 道铁丝组成的“V”形支架。同时，为了加固支架，行与行之间用铁丝把支柱连在一起，形成纵横相连的网状结构。夏季将新梢用活动锁线均匀地固定在两边铁丝上。冬季修剪时，将留下枝条绑缚到最下边那道铁丝上。“V”形架的优点是通风透光，充分利用空间，结果部位一致，有利于管理，有利于提高葡萄产量和质量。

七、病虫害防治

危害葡萄生长的病虫害主要有霜霉病、黑痘病、白腐病、白粉病、根癌病和透翅蛾、金龟子、蜂类、吸果夜蛾等，如不有效防治，将严重影响葡萄产量和品质。

1. 病害的防治

（1）霜霉病：霜霉病是葡萄的主要病害之一，是一种真菌性病害，主要危害叶片和新稍。发病时由产生半透明油渍状病斑开始，到叶背面产生灰白色霉状物，导致失水落叶。以早期危害为主，气温升高后症状有所减轻。

防治方法：主要是搞好冬季清园，清除病原，搞好修剪，增加通风透光，发病时用 25% 甲霜灵 600 倍液、70% 的甲基托布津喷雾。

（2）白腐病：由真菌引起的病害，一般出现在高温期，主要危害果梗、穗轴、果实、新梢和叶片。

防治方法：冬季清园，清除病原，合理修剪，及时剪除发病部位集中销毁，防治药剂主要有退菌特、福美双、百菌清等。

（3）黑痘病：真菌性病害，主要危害幼叶、嫩梢、花序、幼果。是葡萄常见的病害之一。叶片受害，病斑圆形或不规则形，中央灰白色，边缘深褐色，干燥时中央破裂穿孔。叶脉上病斑呈梭形，由于组织干枯常使叶片扭曲、皱缩。绿果受害，病斑圆形，周缘褐色至紫褐色，中央灰褐色至灰白色，凹陷，似“鸟眼”状。后期病斑硬化或龟裂。空气潮湿时，病斑上出现乳白色的黏质物。病菌以菌丝体潜伏于病组织中越冬。第 2 年 4 ~ 5 月间产生分生孢子，借风雨传播，直接侵入绿色幼嫩组织。气温 30℃时病菌最活跃，超过 30℃时受抑制。春夏之间雨水多，湿度大，发病重。地势低洼，排水不良的果园发病较重。葡萄组织处于幼嫩阶段易感病，老化后抗病力增强。

防治方法：一是搞好冬季清园、清毒，杜绝菌源；二是选用抗病品种，培养健壮树势；三是苗木消毒，避雨栽培；四是果实套袋；五是化学防治，主要药物有百菌清、退菌特、托布津、代森锰锌、福星等。

（4）炭疽病：主要危害果实，果实受害，病斑褐色、圆形，表面密生小圆形斑点，凹陷，深褐色。卷须受害常枯死。病菌主要在一年生新梢表层组织及病果上越冬，也可以在架上残留的带菌死蔓和枯卷须上越冬。分生孢子随风雨、昆虫传播，萌发后直接侵入。幼果期如遇雨即开始侵染。发病一般6月中下旬开始，7~8月间进入发病盛期。夏季高温多雨，果园湿度大，发病重。

防治方法：一是农业防治，结合修剪清除残留在植株上的病残体，连同地面上的病残体集中烧毁；及时摘心，绑蔓，使果园通风透光；及时除草；加强果园排水；进行套袋。二是化学防治，葡萄萌芽前喷一次40%福美胂可湿性粉剂100倍液，也可选用退菌特、百菌清、多菌灵等药剂防治。

其他病害如灰霉病、房枯病等结合上述病害的防治搞好防治工作。细菌性病害如根癌病的防治，主要是搞好苗木的检疫和加强土壤管理为主。

2. 虫害的防治

（1）葡萄透翅蛾：

①发生规律。该虫一年发生一代，以老熟幼虫在葡萄枝蔓中越冬。翌年春季当气温上升到15℃左右时，越冬幼虫开始化蛹。每年5月产卵，7~10天后卵孵化成幼虫，初孵幼虫先取食嫩叶、茎蔓，然后蛀入嫩茎中，蛀入孔处常有虫粪。节间部被蛀害则节间呈紫色，这是识别该虫危害的重要标志。幼虫蛀入枝蔓内后，先向嫩蔓先端方向蛀食，使嫩蔓很快枯死。当蔓尖枯死后向果穗以下新蔓基部方向蛀食，致使果实脱落，被害新蔓枯死。一直到10月。

②防治方法。

农业防治：结合冬季修剪，注意剪除节间变紫色的被害枝蔓，集中烧毁，压低越冬基数，减少来年虫源。生长期结合田间管理，及时剪除被害枝梢，消灭其中幼虫，防止其继续转移危害。

化学防治：5月幼虫开始危害时，每亩用50%杀螟硫磷乳油50~60毫升，或20%氰戊菊酯15~20毫升兑水50~75千克喷雾防治。

（2）金龟子类：危害葡萄的金龟子有多种，主要是通过成虫食害嫩芽、嫩叶、花穗、果穗，幼虫在土中食害根部造成。

防治措施主要有：冬季深耕园土，破坏越冬场所，葡萄生长期利用金龟子的假死性进行人工捕杀，黑光灯诱杀，效果都很明显。药物防治的主要药物有敌百虫、氯氰菊酯等。

（3）十星叶甲（又名葡萄金花虫）：初孵幼虫先在土面爬行，后沿葡萄茎部上爬，多集中危害下部叶片或幼芽，到3龄逐渐分散到上部叶片危害，此时的幼虫具有假死性。

综合防治措施有：①结合冬季清园，清除枯枝落叶及根际附近的杂草，集中烧毁，消灭越冬卵。②初孵幼虫集中在下部叶片危害时，可摘除虫叶，集中销毁。③在化蛹期及时中耕，可消灭蛹。④利用成虫和幼虫的假死性，以容器盛草木灰或石灰接在植株下方，震动茎叶，使落入容器中，集中处理。⑤在成虫或幼虫发生期，喷50%辛硫磷或杀螟松50~60毫升，兑水50~75千克喷雾。

（4）其他虫害的防治

采取综合防治办法，通过清除虫源、加强管理、增强树势等可明显降低各种虫害的发生和虫口密度。果实套袋可减少各种害虫对葡萄果实的危害，虫害发生时要及时施药加以治理。对吸果夜蛾等趋火性较强的害虫，还可在园内施置黑光灯加以诱杀。

八、葡萄的采收、包装和运输

1. 葡萄采收

不同的品种、不同的地区、不同的土地条件都影响葡萄的成熟期，甚至同一地区不同的管理办法也影响葡萄的成熟期。

葡萄最佳的采摘期应根据葡萄的口感、颜色、市场要求、运输方便和经济效益来确定。有些果农为了赶市场，采取提早采摘，这不仅影响产量、品质，最终也影响效益。为了提高效益，应根据不同品种选择最佳的采摘期。一般来说，当葡萄色泽明显地变化，如紫色品种由青转紫红或紫黑，白色品种由青变白、变亮，含糖量提高，口感变好，消费者普遍能够接受时，则可以开始采摘。夏黑在6月下旬到7月上旬采摘，巨锋、藤稔等7月上中旬开始采摘，圣诞玫瑰8月采摘较好。

2. 分级包装和运输

采摘回来的葡萄要立即进行筛选，将烂果、虫蛀果、病果、小粒果、青果等不符合要求的果剪除，然后装箱，统一包装。采用可多次循环使用的塑料箱、硬纸箱和一次性泡沫包装箱，重量有5千克、10千克等。如客户有特殊要求，可以根据客户要求确定不同的包装规格。但单箱重不可太重，避免运输途中造成损坏。

包装好后要及时运输，要做到随采、随装、随运，尽快地运到批发市场、尽快销售。运往超市的可采用一些特殊的小包装，增加包装的美感，提高人们的购买欲望。如运输路途较远，需 2 ~ 3 天才能到达的，要用冷藏车运输，需长期保存的最好用冷库贮藏，冷藏运输，到达目的地再进冷库的冷链储运。

九、葡萄避雨栽培等新技术

近年来，葡萄的避雨栽培及其他新技术的采用改变了原来的栽培模式，使葡萄栽培取得了巨大的成功，产生了良好的经济效益。如主栽品种夏黑自然粒重为 3.0 ~ 3.5 克，但经膨大处理后粒重增大到 8 ~ 10 克，最大的甚至超过 15 克，而且外观特美，成熟期提早，品质提高。

1. 避雨设施的设置

避雨设施由覆盖膜、竹拱、铁丝和支柱（葡萄架的支柱）组成。架设时在葡萄支架的水泥柱上面横架一根梁，略低于支柱顶部，然后沿横梁两端和顶部共架三道铁丝，中间用相应长度的竹拱每 1 米安置一个，再将 2 米宽的覆盖膜盖在上面，固定好。

2. 滴灌的安置

沿葡萄种植行每行架设一条滴灌管道铺在地上，使葡萄需水时随时灌溉。追肥时将化肥溶解到蓄水池中，随灌溉水一起施入土中。

3. 激素的应用

夏黑等品种颗粒紧密，坐果率高，果实增大处理后更加紧密，造成果实无增大空间，因此要在开花前用赤霉素浸穗拉长果序。葡萄坐果到进入快速膨胀期要先后两次用葡萄膨果剂浸泡果穗，第 1 次是稳果后，主要是促进细胞分裂；第 2 次是果实进入快速增长期，主要促进细胞拉长。通过上述措施，可以使夏黑的颗粒由 3 克左右增大到 9 ~ 10 克，果穗重增到 700 克左右，而且果粒均匀，大小一致，成熟整齐，外观漂亮。

4. 果实套袋

为了增加果穗外观的美感，减少农药的接触和病虫的危害，生产出无公害的优质产品，果穗套袋也已普遍推广，套袋时期在最后一次浸果后进行。采摘前一周左右取袋，让葡萄透光，着色均匀。

5. 反光膜的应用

在地下覆盖一层白色地膜或银色的反光膜可改善园内光照条件，让下部叶片增加光照，促进光合作用。特别是果穗摘袋后可增加果穗全方位的光照，加快葡萄均匀着色。

第六章

草莓栽培技术

近年来，临沂地区草莓（图 6-1）的种植越来越多。

图 6-1　草莓

一、草莓的繁殖方法

草莓的繁殖方法，分有性繁殖和无性繁殖两种。为了避免有性繁殖出现性状分离而影响果品的产量和质量，在生产上一般都采用无性繁殖，即匍匐茎进行繁殖。

1. 匍匐茎繁殖

匍匐茎繁殖系数大，能陆续产生 5 ~ 6 次子苗。为使子苗都能长成壮苗，应在产生 3 ~ 4 株子苗后及时摘尖，减少母体营养消耗。在发苗期间要及时将匍匐茎定向理顺，摆放均匀，发出的新株用泥土稍压，利于子苗扎根。母苗和子苗的生长需氮肥较多，施肥时要薄肥勤施，但 7 月底子苗定植前 30 天左右要控制氮肥的使用，适当施用磷钾肥，并及时喷施赤霉素。母苗缓苗后，喷施 50 ~ 100 毫克 / 千克的赤霉素，可促进匍匐茎的发生。适宜的气候条件和充足的土壤水分，是促使匍匐茎苗多发、健长的重要因素。日照时长 12 小时，温度在 17℃以上时才能开始产生匍匐茎，而最适温度为 20～26℃。此外，匍匐茎苗能否旺盛发生，与母株是否经过了一定的低温阶段也有很大的关系。不同的品种对低温要求的程度不同，如宝交早生要求 5℃以下的时间要 500 多小时，而明宝只要 70～90 小时。

匍匐茎繁殖期间，杂草容易与草莓争肥争水，影响草莓苗的健壮生长，同时也会降低草莓的抗旱能力，所以必须经常拔除。拔草时注意不要松动草莓根系，以免造成种苗死亡。在拔草的同时，可摘除草莓的黄叶、枯叶，以减少养分和水分消耗，并利于通风透光。

2. 苗期病虫害的防治

草莓苗期的主要病虫害有炭疽病、叶斑病、金龟子等，特别是“红颊”“章姬”等品种，极易受到炭疽病危害。在防治炭疽病、叶斑病时，要先摘除发病的叶片和匍匐茎，或直接拔除病株，带出园外销毁。然后用 25% 咪鲜胺 1 000 倍液，或 75% 百菌清可湿性粉剂 500 倍液，或 50% 多菌灵 1 000 倍液，或 70% 甲基托布津 1 000 倍液进行防治，每隔 10 天喷药 1 次。发现有地下害虫（金龟子幼虫）危害草莓苗时，要及时用 48% 乐斯本 800 倍液进行喷洒（要对苗和畦面全面喷施，喷药时间最好选在下午 5 时以后），或全园喷洒 2 000 倍液辛硫磷，对金龟子成虫也有驱避作用。

3. 假植

一般假植苗床宽 1.2 米，施腐熟有机肥 3 000 千克／亩（如用营养钵假植，营养钵直径为 10～12 厘米，育苗土为无病菌、无虫卵的田园表土，加入腐熟农家肥 20 千克／平方米），视苗情和天气，在 7 月底以前进行假植，假植期以 30～60 天为宜。选取 2～3 片展开叶的匍匐茎子苗，在阴天或晴天傍晚光照较弱时栽入苗床或营养钵，苗床株行距为 15 厘米 ×15 厘米。栽植后立即浇透水，第 1 周必须遮阴，并且在栽后的前 3 天要每天早、晚各喷水 1 次，以后再及时浇水或喷水，以保持土壤湿润。假植苗成活后可随水冲施 0.2% 的液态肥或 0.2%～0.3% 的叶面肥。及时摘除枯叶、病叶和抽生的匍匐茎及腋芽，及时防治炭疽病、叶斑病、蚜虫和红蜘蛛等病虫害。为了促进花芽分化，在 8 月中旬以后停止追施氮肥，可追施少量磷、钾肥，并控制浇水，使土壤适度干燥。也可对苗床遮光 50%～60%，遮光时间为 20～25 天。

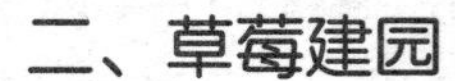

二、草莓建园

1. 园地选择

草莓既可以作为幼龄果园的间作物，也可专门建立草莓园进行经济栽培。草莓园应选地势较高、地面平整、灌溉方便、光照良好、土壤肥沃疏松的地块。草莓园地选择时还要注意前茬作物，一般来说，前茬是蔬菜、豆类、瓜类和小麦等的地块较好。番茄和马铃薯等与草莓有共同病害的作物前茬不宜栽培草莓。对草莓进行连作也不合适，至少要间隔1～2年后再栽植草莓。

2. 栽植

对选好的田块进行彻底除草，每亩施有机厩肥5 000千克以上，过磷酸钙100千克，钾肥50千克，进行深翻，并细致整地，达到畦面平整，土壤疏松，肥土混合均匀，然后做高畦。畦高15～20厘米，畦面宽50厘米，畦沟30厘米。畦做好后适当浇水或镇压，使土壤沉实，以免栽后苗子下沉，让土把苗心埋没。草莓定植时间以秋季为好，我国北方宜在立秋前后定植。草莓定植时间的早晚除了会影响成活以外，还直接影响次年的产量。过早，气温高，对草莓成活、生长均不利；过迟定植，会使来年草莓的成熟期推迟，产量也会受到影响，适宜的定植气温为15～25℃。定植最好选用阴天或傍晚进行。每畦栽2行，行距25厘米，株距10～15厘米，每穴可栽2株，亩栽1.5万株左右。定植的苗以移植复壮过的苗为好。栽植的深度以"浅不露根、深不埋心"为限，栽后立即浇定植水，在成活前每天早晚各浇1次。

三、草莓田间管理

1. 勤中耕

中耕有利于土壤通气和增加土壤微生物的活力，从而促进有机营养的分解，提高土壤养分含量。草莓园全年需进行6～9次中耕。第1次是定植成活后，浅中耕有利于根系生长。对于老草莓园来说，务必除净杂草，拔除匍匐茎；用于繁殖苗的繁殖园则借此机会压土，选留壮苗。一个月后进行第2次中耕，适当结合进行追肥和灌水，拔除病弱株。第3次是在土壤上冻前，第4次是在春天草莓开始生长时，清除覆盖物和越冬死亡的枯叶，结合施肥，进行一次细致的中耕除草。第5次是草莓开花前，清洁园地并垫草，为结果作准备。第6次在果实采收后，首先清理垫草或覆盖的地膜，清除病弱株，摘除匍匐茎，然后追肥中耕。

6～9 月由于气温高、湿度大，杂草生长旺盛，可进行 2～3 次中耕除草，以保证草莓植株良好生长。

中耕次数应根据具体情况来定，以保持土壤疏松、不见杂草为目的。中耕深度一般 3～4 厘米，太深会伤及草莓根系。此外，如果使用地膜覆盖技术，中耕的次数可大大减少。

2. 施肥

由于草莓根系浅，而因为生长的需要又须从土壤中吸收大量养分，所以要求有充足的基肥，也需要及时进行追肥。

草莓施肥以施用基肥为主。基肥应在定植前深耕整地时施入。在老草莓园中可于果实采收后结合中耕每亩施有机厩肥 5 000 千克左右，鸡粪或饼肥等高肥力基肥数量可减少，再加 15～20 千克过磷酸钙、7.5～10.0 千克钾肥。追肥在草莓生长的各个环节都具有重要作用，老草莓园一般在早春开始生长期、开花结果期和花芽形成期（9～10 月）追两次磷、钾肥，每亩用磷肥 20 千克，钾肥 7.5 千克。如果是新定植的草莓园，可在早春开始生长期按每亩氮、磷、钾肥各 5 千克标准施入，果实采收后每亩再追尿素 5 千克。追肥除上述根际施肥外，草莓也可以实行叶面追肥，如在现蕾到开花之间喷 0.3% 硼肥等，可明显提高产量。有的地方土壤缺少微量元素，也可以采取叶面喷肥的办法予以补充。

3. 灌溉与排水

草莓对水分要求较高。在早春草莓开始萌芽展叶期要适当少灌水，以免影响地温上升。4 月以后，在叶片大量发生期、开花盛期和结果期以及大量果实进入成熟期和果实采收完毕等几个时期，如果土壤干旱都要及时灌水。入冬前为防止草莓冬季受冻，通常也要灌一次水。

灌水方法可浇灌，可漫灌，有条件的地方滴灌效果最好。

草莓虽然对水分要求较高，但也不耐涝。尤其是地表湿度过大时，会影响土壤通气性，使草莓的生长受阻，而且易感染病害，引起烂果和品质下降，所以雨水多时要及时排水。

4. 植株培土

草莓定植后，根状茎不断产生新茎分枝，发生不定根部位逐渐上移，而裸露在地面以上，特别是 3～4 年生的草莓园中这种现象最为严重。这些外露的根在地表上，不仅不能正常吸收养分和水分，而且在越冬时大都会被冻死。所以每年果实采收后，初秋前应及时培土，培土高度以露出苗心为标准。冬季土壤温度低

于 −9℃的地区，为保证植株正常越冬，必须采取防寒措施。最简单易行的办法就是覆盖上 5 ~ 10 厘米厚铡碎了的麦秸或其他作物秸秆，也可以覆盖杂草，上面再用树枝压住以防风吹。有的地方用玉米秆，出现薄冰以后进行覆盖，以便有机会让植株进行抗寒锻炼。防寒效果好的，次年春季，叶片保持正常绿色、生长快，产量高。

5. 铺草覆膜

如冬季有地膜覆盖，则在次年春季气温回升、植株开始生长时，把有苗的地方在膜上划一孔，把苗提出膜外，再用土把苗四周的地膜压好。如果没有覆盖地膜，在草莓开花后，为防止果实直接着地造成污染、烂果以及害虫的危害，可在果实下铺些麦秸或稻草。铺草不宜过早，应在多数花谢了以后进行，以免影响地温上升和烤花。

6. 摘除匍匐茎、疏蕾和除老叶

如果不是以繁殖新苗为目的，就必须经常摘除匍匐茎，因为匍匐茎的抽生会严重消耗母株营养。为保证花芽分化，使来年有好收成，每年要摘除 3 ~ 4 次。6 月下旬后是匍匐茎大量发生期，每隔 20 天就要摘除 1 次。在繁殖园中，后期从母株上抽生的匍匐茎质量较差，所以往往也要摘除。草莓花序上后来开的花不能形成商品果实，所以为节省营养，最好能在这些花开放前将其摘除，同时摘除那些无用的老叶，这对植株生长有明显的促进作用。

四、病虫害防治

1. 炭疽病

首先注意清园，及时摘除病叶、病茎、枯老叶等带病残体，并带出园外进行妥善处理。药剂防治，可用敌菌丹 800 倍或百菌清 600 倍液防治 3 ~ 5 次，还可用使百克、炭特灵或炭疽福美等农药，进行交替喷洒防治。

2. 灰霉病

用 75% 百菌清 600 ~ 800 倍液、必得利 800 倍液、速克灵 800 倍液等药剂防治。

3. 青枯病

发病初期可用 72% 农用硫酸链霉素可溶性粉剂 3 000 倍液，或 47% 加瑞农可湿性粉剂 600 ~ 800 倍液，72.2% 普力克水溶液剂 800 ~ 1 000 倍液，或 14% 络氨铜水剂 200 倍液，或 30% 绿得保悬浮剂 400 倍液喷雾或灌浇。对于已发病植株，要及时铲除并妥善处理。

4. 线虫病

用35℃的热水浸苗10分钟，处理后冷却栽植。种植时采用脱毒苗。最好实行轮作，耕翻换茬。发现病株立即铲除进行妥善处理。

5. 小地老虎

结合除草进行人工捕杀。用50%辛硫磷乳油浇灌根部土壤，或用烟剂进行熏治。也可在栽苗前将3%、5%辛硫磷颗粒剂翻入土中。但应注意采前10天要停止用药。

6. 斜纹夜蛾

成虫发生期可用黑光灯、糖醋液（糖6份、醋3份、白酒1份、水10份并加1份90%敌百虫）在夜间进行诱杀。

五、秋冬管理

1. 抗旱保苗

草莓属浅根系作物，除定植时浇透定根水外，定植后要保持根际土壤湿润。如栽后遇高温干旱天气，需要每天浇水，并用麦秸等稍加覆盖，减少蒸发，以保持土壤湿润，促进早发新根。

2. 中耕追肥

由于经常浇水，土壤容易板结，加之冬季苗子生长缓慢，杂草容易滋生，因此必须勤中耕、勤除草，中耕宜浅不宜深，严防土块压埋苗心。几年栽一次的草莓，新根的发生部位，随着新茎生长部位升高而逐年上移，常有长出地面的现象。因此，结合中耕应在根茎周围培土保根。即使一年栽一次的草莓园地，冬季培土也有利于保根越冬。培土高度以露出苗心为准。草莓成活长出2片新叶后，每亩施稀薄粪水500千克，或施复合肥10～15千克，以促壮苗，同时也有利花芽的形成。追肥不能过迟，也不可偏施氮肥，否则植株容易徒长，不仅影响花芽形成，而且对幼苗越冬也不利。

3. 覆盖防寒

草莓具有较强的耐寒力，北方地区只要稍加乱草覆盖即可。覆盖麦秆，不仅可以防寒，而且还能保持土壤湿润，草莓挂果后又能防止泥土沾污果实，减轻果实病害发生。在严冬季节，每亩可用250千克的切碎麦秆撒于地面覆盖。地膜覆盖栽培草莓可以显著提高产量，提早采收季节，提高果实品质和商品价值。

在2月中旬，一边覆盖，一边用手指在预定的位置触破地膜，将草莓苗从破口掏出，要防止植株或叶片遗留在膜下，随即用碎土压住破口周围薄膜，以防冷空气吹进拱抬地膜，使之失去保温效果。在气温较低的地区，盖膜时间也可提早到11月底12月初，开始密闭一段时间，以提高地温，促进草莓生长，2月下旬再在地膜上破口掏出植株。采用黑色地膜，还兼有灭草效果。

4. 防止早花

所谓早花，就是在年前现蕾开花的现象。由于现蕾开花后的草莓耐寒力大大降低，这批花蕾一般都会在寒冬期间被冻死。早花一般是由于花芽分化前的氮素营养不足和初冬气温偏高引起的。花芽分化前出现缺肥瘦苗，使草莓植株内部的生长中心由叶芽向花芽转化；气温偏高，则会加速花芽分化的进程。因此，培育壮苗、适时移栽，冬前适当提高氮素营养水平是防止早花的主要措施。一旦发现早蕾早花，要随即摘除，以尽量减少不必要的营养消耗。

六、草莓保护地栽培技术

利用冬暖大棚进行草莓促成栽培，可使鲜果在元旦、春节期间上市，售价高，经济效益十分可观，是很适合在农村推广的一项技术。冬暖大棚草莓促成栽培的技术要点如下。

1. 大棚建造

选避风向阳、地势平坦、土质肥沃、水源充足、排水良好、土壤pH在5.5～6.5的地点建棚。大棚以东西向为佳。大棚长度与跨度应依地形特征而定，以便于管理和降低造价为前提。一般以大棚长度为50～80米，跨度7～8米为宜。大棚一般采用短后坡式结构（图6-2）。规格为：脊高2.8～3.2米，后坡长

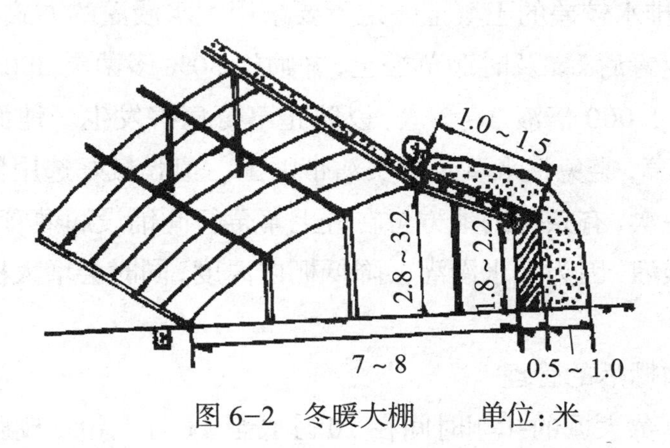

图6-2 冬暖大棚 单位：米

1.0～1.5 米，大棚后墙高 1.8～2.2 米，厚 0.5 米，墙外培土 0.5～1.0 米。棚前 0.7 米处挖深 0.5 米、宽 0.8 米的防寒沟，沟内放碎草，上面盖土压实。

2. 品种选择

目前，适于冬暖大棚促成栽培的草莓品种主要有弗吉尼亚、宝交早生、丰香、全明星、哈尼等。但经品种对比试验看出，弗吉尼亚为鲁中南地区的首选品种。该品种具有休眠期短，生长势强，抗病，果实硬度高，耐贮运，果个大（平均单果重达 51 克左右），色泽好，且自花授粉能力强、畸形果比例小等特点，很适合在该地区进行冬暖大棚栽培。

3. 整地与施肥

栽苗前半个月要完成整地与施肥，一般每亩施优质腐熟圈肥 3 000～5 000 千克、磷酸二铵 30～40 千克、硫酸钾 15～20 千克。

深翻土壤，使肥土充分混合，整平压实后做高畦，畦宽 90～100 厘米，畦高 20～25 厘米。如土壤墒情差，栽苗前要灌水造墒。

4. 栽植及栽后管理

冬暖大棚栽培的草莓在临沂地区以 9 月上中旬栽植为宜。为尽早达到丰产效果，应提前对草莓进行假植，即在 7 月中下旬，将壮苗从母株上分离出来，选肥沃的土壤进行假植，直到分化出花序后再向棚内移栽。栽前要剪除老叶、病叶、匍匐茎，剔除小苗、病弱苗和根系损伤严重的苗。一般每畦栽两行，行距视畦面宽度而定（一般 25 厘米左右），株距 13～17 厘米，每亩栽苗 8 000～10 000 株。栽植深度掌握“浅不露根，深不埋心”。栽植时应注意将苗子的弓背朝向沟道一侧，以使花序着生在同一方向。一般每穴栽一株，要随起苗随栽植，栽后 2～3 天内每天早晚各浇水一次。栽后要使土壤保持湿润状态。但要注意在覆盖棚膜前 10 天和排水较差的土壤上一定不要采用大水漫灌的方式浇水。

待栽植苗返青后，要及时锄草松土，并喷施 50% 多菌灵 500～600 倍液或甲基托布津 800～1 000 倍液 2～3 次，以防止草莓病害发生。地面覆盖地膜可提高地温，防除杂草，避免将来草莓果实沾带泥土。覆膜最好选用黑色地膜。覆膜前须松土除草一次，有条件的地方可在畦上草莓行间铺设滴灌管道，以利旱时供水。防止大水漫灌，因为大水漫灌会降低棚内温度，同时会增大棚内草莓病害发生的几率。

5. 扣棚及扣棚后的管理

临沂地区草莓大棚的扣棚时间在 10 月底至 11 月上旬。棚膜应选用无滴消雾型聚氯乙烯（PVC）膜，可以增加棚内光照度，降低棚内的空气湿度，减少大棚草莓病害的发生。

（1）叶面喷肥：草莓为浅根植物，根系的吸收功能相对较差，再加上草莓从移栽到开始结果，生长期很短，但需要养分数量很大。所以除了要在栽植前施足基肥外，还要在草莓生长期间通过叶面喷肥的方式予以补充养分。一般每隔7～10天叶面喷施一次0.2%～0.5%的尿素和磷酸二氢钾的混合液。叶面施肥要尽量避开花期，以免影响授粉、坐果。

（2）棚内温湿度控制：温度过高过低都不利于草莓的花芽分化，温度过高易使花芽分化得过快而致花芽质量低劣；温度过低又易影响花芽的分化速度。所以棚内最高温度应控制在25℃以下。如白天温度过高，要及时通风降温。夜间温度以不低于6℃为好，如遇温度过低，要及时加盖草苫保温。

扣棚后应尽量控制浇水，严禁大水漫灌，以免降低棚内温度和增加棚内空气湿度引发草莓病害。如确需浇水，应通过地膜下草莓行间的滴灌管道进行，浇水要选在晴暖天气的中午进行，以防棚内温度骤然降低，影响草莓正常生长。

（3）人工补光：初冬季节往往会出现光照不足的现象，可采用人工补光的方式来补充光照，特别遇有连阴天气，更应进行补光。补光的方法是在棚的跨度中间横向每隔4～5米安装一个150～200瓦的白炽灯泡，灯泡距地面高度1.5～2.0米，傍晚盖草苫后补光3～6小时。

（4）摘除匍匐茎和老叶：扣棚后，每天要巡视检查，发现新长出的匍匐茎及老叶、病叶要及时摘除，一般每株仅留功能叶10～12片，以利通风透光。

（5）预防病害：扣棚后，因棚内温度高、湿度大，极易诱发草莓褐斑病、灰霉病等病害，除及时进行通风外，可适当喷施50%多菌灵500倍液、50%速克灵800倍液进行防治，也可用速克灵烟剂熏蒸等方法进行防治。

（6）几项增产措施：①授粉：草莓虽属自花授粉植物，但人工授粉可以使草莓的果个增大，畸形果数量减少，达到提高果品产量和质量的目的。

草莓授粉的方法有三种：一是合理搭配授粉品种，一个棚内可栽植2～3个品种，互相授粉；二是人工辅助授粉，在花期通风，或扇风，借微风传粉，人工点授（即用毛笔或软毛刷蘸取已采集的花粉轻轻涂抹在已开放的草莓花序上）也可；三是放蜂，即在每个大棚内放置一个蜂箱，利用蜜蜂的采蜜过程进行传粉（注意在喷药时要将蜂箱搬出），但要注意在通风窗处加钉纱网，防止蜜蜂飞出棚外。

②赤霉素处理：赤霉素有促进生长、打破休眠和提早成熟的作用。喷洒赤霉素时要重点喷草莓的心叶，喷雾要细、要匀，喷后要把棚温略微提高，促使顶花提前开放。喷赤霉素一定要掌握好时间，应在扣棚保温后至花蕾出现 30% 前进行喷施。过早，容易把腋花芽变成匍匐茎，过晚则起不到促花、促果的作用，相反只能促进叶柄旺长。尤其要注意不要超量喷施，一般第 1 次喷施赤霉素的浓度为 10 毫克 / 升，第 2 次为 5 毫克 / 升。

③疏花疏果：每株草莓一般有 2 ~ 3 个花序，弗吉尼亚最多可达 6 个花序，每个花序可着生 7 ~ 20 朵花。高级次的花开得较晚，往往不能正常结实，所以要尽量把高级次的花蕾疏去。一般每花序留 5 ~ 6 朵花即可，使养分集中于这些花中，以提高坐果质量。疏果要在幼果期进行，要及时疏除那些畸形果、病虫果，一般每花序留 4 ~ 5 个果较好。

第七章

蓝莓栽培技术

一、概述

蓝莓（图 7-1）学名越橘，属于杜鹃花科越橘属植物。由于果实呈蓝色，原产和主产于美国而俗称“美国蓝莓”。蓝莓果实平均单果重 0.5 ~ 2.5 克，最大重 5 克，果实色泽美丽、悦目、蓝色并被一层白色果粉，果肉细腻，种子极小，可食率为 100%，具有特殊芳香，甜酸适口，为一鲜食佳品。蓝莓果实中除了含有常规的糖、酸和维生素 C 外，还富含维生素 E、维生素 A、维生素 B、SOD、熊果苷、蛋白质、花青苷、食用纤维以及丰富的钾、铁、锌、钙等矿质元素。根据吉林农业大学小浆果研究所对国外引种的 14 个蓝莓品种分析，果实中花青苷色素含量高达 163 毫克 /100 克，鲜果维生素 E 含量是其他水果如苹果、葡萄的几倍甚至几十倍。总氨基酸含量 0.254%，比氨基酸含量丰富的山楂还高。蓝莓果实除供鲜食外，还有极强的药用价值及营养保健功能，国际粮农组织将其列为人类五大健康食品之一。

图 7-1　蓝莓植株和果实

1. 蓝莓的发展概况

蓝莓为越橘类蓝果类型的俗称。美国是蓝莓开发利用最早的国家，我国开发研究利用蓝莓只有 30 年左右的历史。蓝莓是具有较高经济价值和广阔开发前景的新型高档水果，蓝莓以其果实色彩高雅精致，营养丰富独特，味道鲜美，果肉细腻，种子极小，酸甜适口，香气清爽宜人而著称。有“果中之果，果界美人”的美誉。

我国越橘属植物野生资源较多，全国均有分布。但有利用价值的主要种为笃斯越橘和红豆越橘，集中分布于大兴安岭、小兴安岭和长白山。吉林农业大学于1981年率先在我国开展了蓝莓引种试栽工作，先后从美国、加拿大、德国、芬兰、波兰等国家引入抗寒丰产的优良品种70多个，其中包括高丛蓝莓、半高丛蓝莓、矮丛蓝莓等六大类型。并对蓝莓品种选育、快速繁殖、栽培技术以及野生资源的保护利用等进行了系统研究，建立了5个不同生态区蓝莓引种栽培基地。近年来辽宁、山东等地也建立了蓝莓引种试栽基地，进行了实验研究。提出了蓝莓栽培区域化和一系列的相应栽培技术和经验，对我国的蓝莓发展提出了一些有益的建议。南京植物研究所于1988年从美国引进了12个兔眼蓝莓品种，也进行了栽培研究。证实了兔眼蓝莓在南方红壤区栽培的可行性。

在山东，1999年吉林农业大学技术支持企业在青岛胶南建立了国内第一块蓝莓产业化栽培生产基地，2005年在威海、烟台、泰安相继建立了产业化生产基地，2006年在临沂的莒南、临沭等地蓝莓产业陆续诞生。

2. 蓝莓的四大竞争优势

（1）果实外观精致优雅：蓝莓果实不大，外观精致，果实幽蓝，果实外被很厚的白色果粉，颇为优雅，是水果中的“蓝宝石”。种子特小，食用时没有吐籽不雅，酸甜适口，具有独特的蓝莓香气。以它为原料制作蓝莓饮料、蓝莓酒更是香气醇厚，回味悠长，价格昂贵。所以，蓝莓被视为高端消费品。蓝莓除了具有其他水果的一般营养价值外，还具有独特的保健功能。

（2）具有独特的保健功能：养眼明目，抗癌低钠，美容，抗氧化、抗衰老是蓝莓的独特功效。

蓝莓的保健作用已被证实并被广泛接受。蓝莓是真正的蓝色食品，果实的蓝色来自于高含量的花青素类物质。花青素是一类可溶性的色素，颜色从蓝色一直到红色。如高丛蓝莓每100克果实中花青素含量达到数百毫克，并且种类复杂，常见的有15种。药理研究发现，蓝莓中独特的花色苷成分有促进视红素再合成、改善循环、抗溃疡、抗炎症等多种药理活性。

日本的研究人员证实，黑果越橘色素提取物有助于眼睛毛细血管的完整性而减少斑点退化变性，进而有保护视力的作用。欧洲和美国已有蓝莓总花色苷制剂出售。许多与老年人有关的疾病，如心脏病、癌症、关节炎、皱纹、眼睛疾病、帕金森病、海默早老性痴呆症等，均与由自由基引起的氧化作用有关。美国 Tufts 大学农业部老年营养研究中心研究人员的研究证明，由于蓝浆果果实中所含的花青素类和其他具有保健作用的化合物，如细菌抑制因子、叶酸、维生素 A、维生素 C、胡萝卜素、鞣酸和纤维素等，能够防御自由基的氧化作用，使其在 41 种水果蔬菜中的抗氧化能力最强。日本和美国都将蓝浆果列于抗癌食品的前列。

用蓝浆果在老鼠身上做试验证实，蓝浆果可以延缓甚至转化部分衰老症状。同时还发现蓝浆果对尿道感染有预防作用。蓝浆果也是一种高纤维食品。根据美国农业部的数据，145 克蓝浆果中至少含有 2.9 克纤维，因此，可以作为日常饮食中纤维的良好来源。蓝浆果还是一种低热量的食品，1 / 2 杯蓝浆果汁仅含 175.7 焦的热量。随着社会的发展和人民生活水平以及科学技术水平的提高，在 20 世纪后期掀起的对于日常饮食中具有保健作用的功能性健康食品的研究高潮，蓝浆果则以其独特的保健营养价值备受关注。

蓝莓在国外市场上也引起广泛的重视和应用，成为目前最热门的开发产品之一。美国最有影响的健康杂志《Prevention》称蓝浆果为“神奇果”。1999 年另一家非常受欢迎的杂志《EatWell》把蓝浆果评为“年度水果”。美国农业部国际贸易官员指出，当前日本最热门的农产品是蓝浆果。目前，蓝浆果鲜果和加工产品作为欧美及东南亚一些国家的高档食品，尽管其售价高，但市场上仍供不应求。

（3）蓝浆果适栽范围较小，产量低，鲜食、加工均可，几乎不存在市场饱和甚至过剩的现象：蓝莓主要适合我国沿海酸性土壤地区。蓝莓喜欢近湿润海洋性气候，不喜欢干旱，怕涝怕干。须根系，根系较弱，要求土壤通气性良好，24 小时排水不畅就容易导致大面积死亡，轻的树势也会严重下降，2 ~ 3 年往往得不到很好的恢复。忌粗放的大水漫灌，适合 pH 为 4.3 ~ 5.2，栽植过程中最好维持在 5.0 以下，调节 pH 主要通过使用硫磺粉进行调节。蓝莓喜沙性肥沃土壤，有机质含量在 12 克 / 千克以上。相对苛刻的土壤和环境要求，使蓝莓的种植只能区域发展，盲目扩张容易造成引栽失败。不仅如此，蓝莓的产量并不高，每亩达到 500 千克就算是比较理想的产量了。因此，在当今市场缺口很大的情况下，蓝莓绝不会饱和、滞销。根据我国目前的社会发展水平和人口结构特点，蓝莓作为新兴的功能性保健果品，也会受到国内市场的欢迎。所以，我国的蓝莓产品具有极强的价格优势，在保证质量的前提下，有可能成为世界上最大的蓝莓生产国和出口国。由于蓝莓具有特殊的保健作用，其鲜果和加工品消费量也会不断上升。

蓝莓在世界上的供应缺口也特别巨大。在世界许多国家，发展蓝莓的主要限制因素是缺乏酸性土壤，而我国则有广袤的适合种植蓝莓的酸性土壤地区，改良土壤的投入较少。作为鲜果上市的蓝莓，需要大量的人力进行人工采收，而我国的人力资源相对较为丰富，劳动力成本较低。我国周边国家，如日本、新加坡等国，蓝莓正成为最热门的农产品，但这些国家大都没有大面积栽培蓝莓的适栽土地。这些都是我国栽培蓝莓用于外销的有利条件。

（4）蓝莓一次投资，多年受益，避开农忙，便于产出无污染的绿色果品：蓝莓是小灌木，结果年限可以达到 15 年左右。土壤管理和设施栽培是种植蓝莓的两笔较大的投入，这两笔投入虽然较大，但可以受益多年，比如调节土壤 pH 需要使用大量的硫磺，但效果可以维持 3 年左右，大棚设施可使用的年限更长。在山东临沂，大棚蓝莓采收基本结束之后才进入麦收季节。因为成熟采收早，蓝莓病虫害很少，几乎不需要使用农药进行病虫害的防治，生产出的蓝莓果是名副其实的绿色食品。

3. 临沂市蓝莓栽培现状

临沂市是发展蓝莓适宜地区之一，尤其适宜发展市场前景看好的北高丛蓝莓、半高丛蓝莓等，但起步较晚。

气候及土壤概况：冬季干冷，风向多偏北，春季干燥，风向多偏南，夏季高温潮湿，风向多偏东，历年最多的风向是东风，占 16%，多年平均风速 3.4 米 / 秒。大多数土壤稍作改良，即可比较适合蓝莓生长发育。

例如临沭县位于山东省东南部，北纬 34° 40′ ~ 35° 06′ ，东经 118° 26′ ~ 118° 51′ 。临沭地势北高南低，东高西洼，县境东部和北部为低山丘陵，西部沭河沿岸为冲积小平原，海拔均在 60 ~ 400 米。山地占土地总面积的 3.82%，丘陵占 72.82%，平原占 23.36%。临沭县属温带季风半湿润大陆性气候，四季分明，光照充足，发展蓝莓具有得天独厚的自然优势。多年平均年日照数为 2529.3 小时，全年无霜期 208 天，最大冻土深度 30 厘米。多年平均水面蒸发量 1488.3 毫米，多年平均降水量 862 毫米，年最大降水量 1288 毫米，最小降水量为 474.5 毫米，其中 6 ~ 9 月降雨量占全年降水量的 70.6%。临沭县多年平均气温 13℃，最高气温 38.8℃，最低气温 −15℃，全县平均相对湿度 67.5%。土壤调查结果表明，全县土壤 pH 最小值 5，最大值 7.5，小于 6 的占 56%，6.5 ~ 7

占 6.6%，大于 7 占 15.3%。有机质含量小于 10 克 / 千克的占 24.4%，10 ~ 15 克 / 千克占 42.3%，大于 15 克 / 千克占 33.3%。

临沭县大兴镇大兴村，2006 年在吉林农业大学李亚东教授（农业部蓝莓栽培首席专家）指导帮助下，首次从吉林农业大学引种蓝莓，并获得成功，现已初具规模。2012 年大兴村村民联合其他村民成立了蓝莓种植合作社，并注册了“蓝美人”商标，2013 年实现了生产、包装、销售于一体的产供销链，产品主要销往上海、青岛、深圳等地，2013 年大棚蓝莓出园价每千克 80 元左右，陆地蓝莓出园价每千克 50 元以上，经济效益显著，并为临沭大力发展蓝莓种植积累了成熟的实践经验，奠定了坚实的发展基础。

临沭县大兴蓝莓采摘园先后引栽的品种近十个左右，大棚栽培主要有北陆（早熟品种）、杜克（也叫都克、公爵，为中熟品种，比杜克晚一周左右成熟）、蓝丰（为中熟品种，比杜克晚一周左右成熟）、达柔（晚熟品种）等。六一儿童节前后进入采收期，6 月中旬采收基本结束，进入麦收季节。陆地栽培，除了以上品种外，还有雷戈西等中熟品种，北陆品种大约 6 月上中旬进入成熟期。栽培株距 1.2 米，行距 2 米，大棚栽培四年生树，2013 年为第二年结果，株高 80 ~ 180 厘米，平均冠径 85 厘米，单株产量 0.5 ~ 1.5 千克。盛果初期每亩产值就达 2 万余元，具有良好的经济效益和示范效果。

二、蓝莓品种介绍

蓝莓根据树体特征、生态特性及果实特点，在栽培学上通常划分为南高丛蓝莓、北高丛蓝莓、半高丛蓝莓、矮丛蓝莓、兔眼蓝莓 5 个品种群。

1. 南高丛品种

（1）艾文蓝：1977 年佛罗里达大学发表的品种，是由（Florida1-3 × Berkeley）×（Pioneer × Warehan）杂交育成，晚熟种，比夏普蓝成熟略晚。树势强，开张型；枝梢多，花芽多，自花结实，需强剪枝，重点剪花芽。果粒中大，淡蓝色，酸度中等，有香味，肉质硬。果粉多，果蒂痕小而干，品质和风味是南高丛品种中最好的一个，适于鲜果远销栽培。低温要求时间 300 ~ 400 小时。丰产，适宜运输。

（2）夏普蓝：1976 年佛罗里达大学发表的品种，是由 Florida61-5 × Florida63-12 杂交育成，中熟种。树性与佛罗里达蓝相似，树势中到强，开张型。果粒中大，甜度 BX15.0%，酸度 pH4.00，有香味。果汁多，适宜制作鲜果汁。果蒂痕小、湿。低温要求时间150～300小时。

（3）佛罗里达蓝：也叫佛罗达蓝，1976年佛罗里达大学发表的品种，是由Florida63－20×Florida63－12杂交育成，中熟种。树势中等，开张型，抗干溃疡病。果粒大，中等硬度，甜度BX14.0%，酸度中等，有香味，风味佳。果蒂痕中湿。低温要求时间150～300小时。果肉硬度中等，不适宜运输，丰产。适于庭院栽培或当地销售栽培。

（4）奥尼尔（O'Neal）：1987年美国北卡罗来纳州发表的品种，早熟种。树势强，半开张型，分枝多。果实大粒，甜度BX13.5%，酸度pH4.53。香味浓，是南部高丛蓝莓品种中香味最大的。果肉质硬，鲜食风味佳。果蒂痕小、速干。低温要求时间400～500小时。耐热品种，极丰产。

2. 北高丛蓝莓主要品种

（1）公爵（Duke）：也叫杜克、都克，1986年推出，由美国农业部和新泽西州农业试验场合作培育，早熟种。生长势强，直立型。果实中大粒，稍硬，适宜运输。甜味大（BX12.0%），酸味小（pH4.9），风味较好，采收后产生特殊香味。果粉多，浅蓝色，外形美观。果蒂痕小而干，开花较迟，成熟较早，果实的成熟期较一致。极为丰产稳产。各国种植较多。修剪时要强度修剪，使阳光能照射到树冠内部，建园时与蓝丰搭配好。是我国重点推荐的高丛蓝莓品种。适宜临沂等华北地区种植。

（2）蓝丰（Bluecrop）：1952年美国新泽西州发表的品种，由美国农业部和新泽西州农业试验场共同培育。中熟品种，树势中等，高度1.2～1.8米，树形直立，结果后逐渐开张。幼树时枝条柔软，在北方寒冷地区可埋土防寒。果实中大粒，圆形至扁圆形，甜度为BX14.0%，酸度为pH3.29，未完全成熟前偏酸，有清淡香味。果皮淡蓝色，果粉多，果蒂痕小而干。果实品质中等，果肉硬，贮藏性好。耐寒性强，可耐－32℃的低温。耐旱，对土壤的适应性强，容易栽培。丰产且有稳定的丰产能力，需注意修剪以防结果过多影响果实品质。果实成熟期较一致，适于机械化采收。该品种为北高丛蓝莓的代表品种，是目前各国喜欢栽培的长盛不衰的优良品种，是我国重点推荐的高丛蓝莓品种，也特别适于临沂市种植。

（3）莱格西（Legacy）：也称雷格西，1993年美国新泽西州发表的品种，中晚熟种。直立型。果粒中大，甜度BX14.0%，酸度pH3.44，有香味。丰产性强。果实甜中带酸，较受人喜爱。果实贮藏性好，便于运输。

（4）达柔（Darrow）：美国 1965 年发表，是由（Wareham × Pioneer）× Bluecrop 杂交育成，晚熟种。树势中度，直立型。果实大至超大，甜度 BX14.0%，酸度 pH3.45，香味浓。果实的酸味有随着栽培地海拔增加而增强的趋势。果皮亮蓝色，果蒂痕大小及湿度均中等。裂果少，贮藏性差。

（5）晚蓝（Lateblue）：1967 年美国新泽西州发表的品种，由 Herberd × Coville 杂交育成，晚熟种。树势强，直立型，成熟集中，果实成熟后仍保留在树体上，适于机械采收。果粒中大，甜度 BX12.0%，酸度 pH3.07，香味浓，风味极佳。果皮亮蓝色，果粉多。果蒂痕中等大小、干。果肉硬，运输性好。极耐寒。

（6）早蓝（Earliblue）：1952 年美国新泽西州发表品种，由 Stanley × Weymouth 杂交育成，极早熟种。树势强，直立型。果实扁圆形，大粒，有香味；甜味大，酸味少。果皮韧、悦目，亮蓝色，果粉多。果蒂痕小且干。不易裂果，比较耐保存。丰产性良好。

（7）纳尔逊（Nelson）：1988 年美国农业部发表的品种，中晚熟种。树中等大小，幼树直立，结实期以后开张。果粒大至极大，甜度 BX12.0%，酸度 pH3.40，有特殊香味。果蒂痕小而干。丰产，运输性好。极耐寒。

（8）布里吉塔（Brigitta）：1979 年澳大利亚发表的品种，晚熟种。树势强，树高中等。果粒大，甜度 BX14.0%，酸度 pH3.30，香味浓，果味酸甜适度，是同一时期品种中果味最好的品种。果蒂痕小而干。土壤适应性强，已经普及各国。是作为鲜果专用的培养种。

3. 半高丛蓝莓品种

（1）北陆（Northland）：1967 年密歇根州发表的品种，早中熟，树势强，直立型，树高为 1.2 米左右，为半高丛蓝莓种类中较高的品种。果实中粒，果粉多，果肉紧实，多汁，果味好。甜度 BX12.0%，酸度中等。果蒂痕中等大小。不择土壤，极丰产，耐寒。

（2）齐佩瓦（Chippewa）：1996 年美国明尼苏达大学发表的品种，中熟种。果粒大，甜度 BX14.0%，酸度 pH3.60，有香味，食味浓厚，为同时期品种中味道最好的。果蒂痕小而干。极抗寒品种。

（3）北蓝（Northblue）：1983 年美国明尼苏达大学发表的品种，由 Mn-36 ×（B-10 × US-3）杂交育成，晚熟种。树势强，树高约 60 厘米。叶片暗绿色、有光泽是其一大特征。果实大粒，果皮暗蓝色，风味佳，耐贮藏。抗寒

（-30℃），丰产。收获量在 1.3～3.0 千克 / 株，较温暖地区收获量会有所增加。排水不良情况下易感染根腐病。除了及时剪除枯枝外，没有必要特意修剪。

（4）圣云（St.Cloud）：早熟种。树低，开张型。果粒中大，果味好；甜度 BX11.5%，酸度 pH3.7。果蒂痕小、湿。抗寒力强，丰产。

（5）北极星（Polaris）：1996 年明尼苏达州发表的品种，早熟种。树高与北陆相近。果实粒大，成熟期一致。甜度 BX13.5%，酸味极少，果味与北部高丛蓝莓中风味最好的斯巴坦相似。果皮淡蓝色，果蒂痕小而干。耐寒性强，产量中等。

（6）北村（Northcountry）：1986 年美国明尼苏达大学发表的品种，由 B～6×R2P4 杂交育成，早中熟种，比北蓝或北空早一周左右。树势中等，树高 45～60 厘米，冠幅 100 厘米左右。树势依土壤条件会相应有差异。耐寒性非常强，能耐 -37℃低温。果粒中等，风味好，耐贮藏。果皮亮蓝色，果实柔软甘味，风味良好。果实产量高，收获量 1.0～2.5 千克 / 株。叶小型暗绿，秋季变红，树姿优美，适宜观赏。抗寒，高寒山区可露地越冬。

4. 兔眼蓝莓

（1）芭尔德温（Baldwin-T-117）：1983 年美国乔治亚州发表的品种，由 Ga.6-40（Myers×Black Giant）×Tifblue 杂交育成，晚熟种。树势强，开张型。果粒中大，甜度大，酸味中等。果皮暗蓝色，果粉少。果实硬，风味佳。果实蒂痕干且小。收获期长，成熟期可持续 6～7 周，适宜于庭园、观光园栽培。

（2）园蓝（Gardenblue）：1958 年美国乔治亚州发表的品种，中熟至晚熟种。树势强，直立；树高 2.60 米，冠幅 1.40 米。果实中粒，甜味多，酸味少，有香味，品质佳，果实较小。果粉少，果皮硬。土壤条件差的场所也能旺盛生长，所以适宜于公园、墙围等场所栽培。

（3）南陆（Southland）：1969 年美国乔治亚州发表的品种，中熟至晚熟种。树势中等，直立；枝梢多，新梢生长量小。果粒中大，甜味多，酸味中等，有香味。果粉多，果皮亮蓝色。果蒂痕小而干。成熟后果皮硬，裂果少。

（4）粉蓝（Powderblue）：1978 年美国北卡罗来纳州发表的品种，由 Menditoo×Tifblue 杂交育成，晚熟种。树势强，直立型。果粒中等大小，比梯芙蓝的果粒略小，肉质极硬。甜度 BX15.2%，酸度 pH3.40，有香味。果皮亮蓝色，果粉多。果蒂痕小且干。裂果少，贮藏性好，产量高。

（5）顶峰（Climax）：1974 年美国乔治亚州发表的品种，由 Callaway×Ethel

杂交育成，早熟种。树势强，开张型。果粒中等大小，果粉少，果肉质硬中等。甜度 BX17.4%，酸度 pH3.15，具香味，风味佳。果蒂痕小、湿。果实成熟期比较集中。晚成熟的果实小且果皮粗。果肉紧实，贮藏性好，适宜机械采收，适宜鲜果销售。

（6）灿烂（Britewell）：1983 年美国乔治亚州发表的品种，由 Menditoo × Tifblue 杂交育成，早熟种。树势中等，直立。果粒中大，最大单果重为 2.56 克，最小单果重为 1.21 克，平均 1.85 克。果实甜度 BX17.4%，酸度 pH3.35，有香味。果肉质硬，果蒂痕小、速干。丰产性极强，抗霜冻能力强。不裂果，适宜机械采收和作鲜果销售。

5. 矮丛蓝莓

（1）蓝莓品种 N–B–3：从美国东北部或者加拿大东部野生种中选育出的栽培品种（具体不详），早熟种。树势弱，植株极小、直立。果实粒小，果肉中等硬度，甜度中等，酸味较大。果实耐贮藏。

（2）芝妮（Chignecto）：加拿大品种，中熟种。果实近圆形、蓝色，果粉多。叶片狭长，树体生长旺盛，易繁殖，较丰产，抗寒力强。

（3）斯卫克（Brunswick）：加拿大品种。中熟种。果实球形、淡蓝色，比美登略大，较丰产，抗寒性强，长白山区可安全露地越冬。

（4）美登（Blomidon）：是加拿大农业部肯特维尔研究中心从野生矮丛越橘选出的品种 Augusta 与 451 杂交育成，中熟种。果实圆形、淡蓝色，果粉多，有香味，风味好。树势强，丰产，在长白山区栽培五年生平均株产 0.83 千克、最高达 1.59 千克。抗寒力极强，长白山区可安全露地越冬。为高寒山区发展蓝莓的首推品种。

三、园地选择及定植

1. 园地选择与准备

园址土壤 pH 为 4.0 ~ 5.5，最适土壤 pH 为 4.3 ~ 4.8。土壤有机质含量 8% ~ 12%，至少不低于 5%，土壤疏松，通气良好，湿润但不积水。如果当地降雨量不足，需要有充足水源。为解决夏季积水问题，可采用条式台田方法栽培。园地选好后，在定植前 1 年结合压绿肥深翻，深度以 20 ~ 25 厘米为宜，深翻熟化。如果杂草较多，可提前 1 年喷施除草剂，杀死杂草。对于不符合蓝莓要求的土壤类型在定植前应进行土壤改良，以利于蓝莓生长。

（1）土壤 pH 过高的调节：土壤 pH 过高是限制蓝莓栽培的一个重要因素，pH 过高常造成缺铁失绿，生长不良，产量降低甚至植株死亡。当 pH 大于 5.5 时就需施硫粉或硫酸铝降低 pH。施硫粉要在定植前 1 年或至少定植当年进行，但施硫粉后当年一般不起作用，如暗棕色森林土壤，每平方米 15 厘米厚土层要降低 1 个 pH 需施硫粉 130 克，其效果可以维持 3 年以上，其他类型土壤可参考此用量。将硫粉按计算施用量均匀撒入全园土壤，深翻 15 厘米混匀。如果施用硫酸铝，用量则为硫粉的 6 倍。此外，土壤掺入酸性草炭、施用酸性肥料、覆盖锯末和烂树皮等，都有降低 pH 的作用。如果硫粉和草炭配合使用，效果更佳。

（2）土壤 pH 过低的调节：当土壤 pH 低于 4 时，由于重金属元素过量而造成中毒，使蓝莓生长不良甚至死亡。此时需要增加 pH，常用石灰进行调节。当土壤 pH 为 3.3 时，每公顷施用石灰 8 吨可使 pH 增至 4 以上，产量提高 20%。

（3）改善土壤结构及增加有机质：土壤有机质含量低于 5% 时，由于土壤板结黏重，而蓝莓又为须根系，不利于根系发育，需增施有机质或河沙改善结构。常用锯末、草炭、烂树皮或腐苔藓，定植时掺入土壤。

2. 定植

（1）定植时期：春栽和秋栽均可，其中秋栽成活率高，春栽则宜早。

（2）株行距：兔眼蓝莓常采用的株行距为 2 米 ×2 米或 1.5 米 ×3.0 米；高丛蓝莓 1.2 米 ×2.0 米；矮丛蓝莓（0.5 ~ 1）米 ×1.0 米。

（3）授粉树配置：兔眼蓝莓自花不实，必须配置授粉树，可选用高丛蓝莓品种。高丛蓝莓和矮丛蓝莓自花结实率较高，但配置授粉树也可提高果实品质和产量。如杜克和蓝丰搭配就特别适合，当然可以多栽几个品种相互搭配。

配置方式采用主栽品种与授粉品种 1∶1 或 1∶2 比例栽植。

四、土肥水管理技术

1. 土壤管理

蓝莓根系分布较浅，而且纤细，没有根毛，因此要求疏松、通气良好的土壤条件。

（1）清耕：在砂壤土上栽培高丛蓝莓常采用清耕方法。清耕的深度以 5 ~ 10 厘米为宜。长白山区暗棕色森林土壤 23 ~ 30 厘米往往为黏重的黄土层，清耕过深时将黄土翻到上层，不利于根系发育。因此，蓝莓耕作的高度一般不超过 15 厘米。清耕的时间从早春到 8 月都可进行，入秋以后清耕对越冬不利。

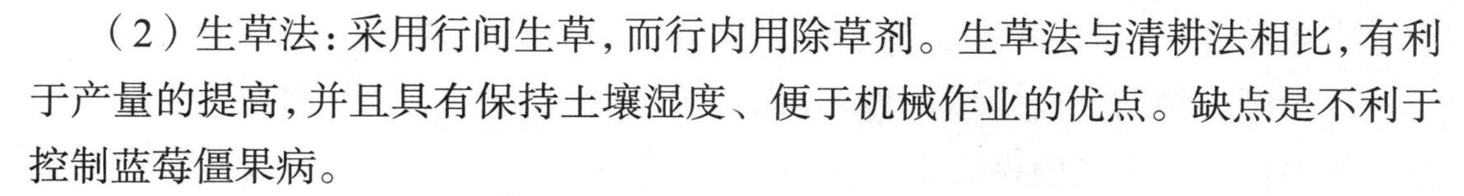

（2）生草法：采用行间生草，而行内用除草剂。生草法与清耕法相比，有利于产量的提高，并且具有保持土壤湿度、便于机械作业的优点。缺点是不利于控制蓝莓僵果病。

2. 蓝莓常见的营养素缺乏症

（1）缺铁失绿症：缺铁失绿症是蓝莓常见的一种营养失调症，主要症状是叶脉间失绿，严重时叶脉也失绿，新梢上部叶片症状较重。

引起缺铁失绿的主要原因有土壤 pH 过高，石灰性土壤，有机质含量不足等。最有效的改良方法是施用酸性肥料硫酸铵，若结合土壤改良掺入酸性草炭则效果更好。叶面喷施螯合铁 0.1% ~ 0.3%，效果较好。

（2）缺镁症：浆果成熟期叶缘和叶脉间失绿，主要出现在生长迅速的新梢老叶上，以后失绿部位变黄，最后呈红色。缺镁症可通过对土壤施氧化镁来矫治。

（3）缺硼症：症状是芽非正常开绽，萌发后几周顶芽枯萎，变暗棕色，最后顶端枯死。引起缺硼症的主要原因是土壤水分不足。充分灌水，叶面喷施 0.3% ~ 0.5% 硼砂溶液即可矫治。

3. 施肥

（1）营养特点及施肥反应：蓝莓属于典型的嫌钙厌氯喜铵植物。当在钙质土壤上栽培时往往导致钙过多诱发的缺铁失绿。蓝莓属于寡营养植物，与其他果树相比，树体内氮、磷、钾、钙、镁含量很低。由于这一特点，蓝莓施肥中要特别防止过量，避免肥料伤害。蓝莓的另一特点是属于喜铵态氮果树，对土壤中的铵态氮比硝态氮有较强的吸收能力。蓝莓在定植时，土壤已掺入有机物或覆盖有机物，所以蓝莓施肥主要指追肥而言。在蓝莓栽培中很少施用农家肥。蓝莓生产果园中主要以氮、磷、钾肥为主。

①氮肥。蓝莓对氮肥的反应因土壤类型及肥力不同而很不一致。在长白山区暗棕色森林土壤上栽培的美登蓝莓施肥试验表明，随着氮肥施入量增加，产量下降，果个变小，果实成熟期延迟，而且越冬抽条严重。因此，暗棕色森林土壤类型中氮含量较高，施氮肥不仅无效而且有害。根据国外研究，蓝莓在下列几种情况下增施氮肥有效：土壤肥力和有机质含量较低的沙土和矿质土壤栽培蓝莓多年，土壤肥力下降或土壤 pH 较高（大于 5.5）。

②磷肥。水湿地潜育土类型土壤往往缺磷，增施磷肥增产效果显著。但当土壤中磷素含量较高时，增施磷肥不但不能增加产量反而延迟果实成熟。一般当

土壤中磷素水平低于6毫克/千克时,就需增施五氧化二磷1.0~3.0千克/亩。

③钾肥。钾肥对蓝莓增产显著,而且提早成熟,提高品质,增强抗逆性。但过量无增产作用反而使果实变小,越冬受害严重,并且导致缺镁症发生。在大多数土壤类型上,蓝莓适宜施钾量为硫酸钾3.0千克/亩。

(2)施肥的种类、方法、时期及施用量:

①种类。施用完全肥料比单一肥料提高产量40%。因此,蓝莓施肥中提倡氮、磷、钾配比使用。肥料比例大多趋向于1∶1∶1。在有机质含量高的土壤上,氮肥用量减少,氮磷钾比例以1∶2∶3为宜;而在矿质土壤上,磷钾含量高,氮、磷、钾比例以1∶1∶1或2∶1∶1为宜。蓝莓不仅不易吸收硝态氮,而且硝态氮还造成蓝莓生长不良等伤害。因此,蓝莓以施硫酸铵等铵态氮肥为佳。硫酸铵还有降低土壤pH的作用,在pH较高的沙质和钙质土壤上尤其适用。另外,蓝莓对氯很敏感,极易引起过量中毒,因此选择肥料种类时不要选用含氯的肥料,如氯化铵、氯化钾等。

②方法和时期。高丛蓝莓和兔眼蓝莓可采用沟施,深度以10~15厘米为宜。矮丛蓝莓成园后连成片,以撒施为主。土壤施肥时期一般是在早春萌芽前进行,可分2次施入,在浆果转熟期再施1次。

③施肥量。蓝莓过量施肥极易造成树体伤害甚至整株死亡。因此,施肥量的确定要慎重,要视土壤肥力及树体营养状况而定。在美国蓝莓产区,叶分析技术和土壤分析技术广泛应用于生产。根据生产试验及多年研究结果,制定高丛蓝莓和兔眼蓝莓的叶分析标准值,从而避免了施肥的盲目性。

五、修剪技术

1. 高丛蓝莓的修剪

(1)幼树期修剪:此期以去花芽为主,目的是扩大树冠,增加枝量,促进根系发育。定植后第2、3年春疏除弱小枝条,第3、4年仍以扩大树冠为主,但可适量结果。一般第3年株产应控制在1千克以下,以壮枝结果为主。

(2)成龄树修剪:此时修剪主要是控制树高,改善光照条件,以疏枝为主,疏除过密枝、细弱枝、病虫枝以及根蘖。树势较开张品种疏枝时去弱留强;直立品种去中心干,开天窗,留中等枝。大枝结果最佳结果树龄为5~6年,超过要及时回缩更新。弱小枝抹除花芽,使其转壮。成年树花量大,要剪去一部分花芽,一般每个壮枝留2~3个花芽。

（3）老树更新：定植 25 年左右，树体地上部分已衰老，需要全树更新，即紧贴地面将地上部分全部锯除，由基部重新萌发新枝。

2. 矮丛蓝莓的修剪

（1）火剪：在休眠期将地上部分全部烧掉，重新萌发新枝，当年形成花芽，第 2 年开花结果。以后每 2 年火剪一次，始终维持壮枝结果。

（2）平茬修剪：于早春萌芽前，从植株基部将地上部分平茬，全部锯掉，锯下的枝条保留在果园内，可起到覆盖土壤和提高有机质的作用。

六、采收

矮丛蓝莓果实成熟期比较一致，且早成熟的果实也不易脱落，可待果实全部成熟后一并采收。果实采收后，清除枯枝、落叶、石块等杂物，装入容器。高丛蓝莓果实成熟期不一致，一般采收需要持续 20 ~ 30 天，通常每星期采一次。果实鲜食时要人工采摘（图 7-2），用于加工可用机械采收。

图 7-2　大棚人工采摘

七、果实的分级与包装

1. 果实的分级

果实主要根据果实密度、硬度和折射率进行分级。果实密度分级利用的原理有两个，一是气流分选，二是水流分选，分选后进入下一步分级。硬度分级就是根据果实硬度大小，采用不同的振动频率，可以将杂质、叶片、未成熟的果实、成熟的果实、过分成熟的果实分离开来。根据折射率分级由于需要仪器精密，故很少被采用。

在我国，劳动力资源较为丰富，对蓝莓市场价格较高的设施栽培的、用于鲜食栽培的蓝莓成熟正处麦收之前农闲时节，完全可以利用人工采摘与分级，做到分级采摘，及时入盒，保护果粉，防止挤压，分类入箱。另外，人工采摘要最大限度地防止土壤压实，以保持土地的通气性。

2. 包装

传统的蓝莓包装是用纸板盒，每 12 个盒装入浅盘中运输。但这种纸盒包装容易引起果实失水萎蔫。改进后采用蜡质纸盒，并在上部及两侧打小孔，以利于通气。

近年来，市场上通常采用无毒塑料盒应用于鲜果包装，一般 125 克左右一盒。如果要更好地保护果粉，建议对此盒进行改进分层放置，防止滚动，以更好地维持果品漂亮的外观。

图 7–3 是山东省临沭县大兴蓝莓合作社鲜食蓝莓包装用盒。

图 7–3　鲜食蓝莓包装盒

八、越冬保护

尽管矮丛蓝莓和半高丛蓝莓抗寒力强，但仍有冻害发生。最主要表现为越冬抽条和花芽冻害，在特殊年份可使地上部全部冻死。因此，在寒冷地区蓝莓栽培中，越冬保护也是保证产量的重要措施。

1. 堆雪防寒

在北方寒冷多雪地区，冬季可以进行人工堆雪防寒。经堆雪防寒的蓝莓产量较不防寒以及盖树叶、稻草的产量大幅度提高，并且具有取材方便、省工省时、费用少、保持土壤水分等优点。一般覆盖厚度以树体高度 2/3 为宜，适宜厚度为 15 ~ 30 厘米。

2. 其他防寒方法

在我国普遍应用埋土防寒方法，在蓝莓栽培中也可以使用。入冬前，将枝条压倒，覆盖浅土将枝条盖住即可。但蓝莓的枝条比较硬，容易折断，因此，采用埋土防寒的果园宜斜植。

在临沂市一年中最低温度不低于 −15℃，遭受冻害的可能性小，防止干旱抽条是重要的防护工作，一般树体覆盖稻草、树叶、麻袋片、稻草编织袋等都可起到越冬保护的作用。

图书在版编目（CIP）数据

临沂适种果树栽培技术新编/张西臣主编. —济南：山东科学技术出版社，2013

中等职业学校特色教材

ISBN 978-7-5331-7006-6

Ⅰ.①临… Ⅱ.①张… Ⅲ.①果树园艺—中等专业学校—教材 Ⅳ.①S66

中国版本图书馆CIP数据核字（2013）第192604号

中等职业学校特色教材

临沂适种果树栽培技术新编

主编 张西臣

出版者：山东科学技术出版社

地址：济南市玉函路 16 号

邮编：250002 电话：(0531)82098088

网址：www.lkj.com.cn

电子邮件：sdkj@sdpress.com.cn

发行者：山东科学技术出版社

地址：济南市玉函路 16 号

邮编：250002 电话：(0531)82098071

印刷者：临沭县书刊印刷厂

地址：临沭县城南工业区

邮编：276700 电话：(0539)6280890

开本：787 mm×1092 mm 1/16

印张：6.5

版次：2013 年 8 月第 1 版第 1 次印刷

ISBN 978-7-5331-7006-6

定价：18.00 元